# Lohnbearbeitung mit SAP S/4HANA® – Einkaufs- und Produktionsprozess

Ilka Dischinger

## Willkommen bei Espresso Tutorials!

Unser Ziel ist es, SAP-Wissen wie einen Espresso zu servieren: Auf das Wesentliche verdichtete Informationen anstelle langatmiger Kompendien – für ein effektives Lernen an konkreten Fallbeispielen. Viele unserer Bücher enthalten zusätzlich Videos, mit denen Sie Schritt für Schritt die vermittelten Inhalte nachvollziehen können. Besuchen Sie unseren YouTube-Kanal mit einer umfangreichen Auswahl frei zugänglicher Videos:

*https://www.youtube.com/user/EspressoTutorials.*

Kennen Sie schon unser Forum? Hier erhalten Sie stets aktuelle Informationen zu Entwicklungen der SAP-Software, Hilfe zu Ihren Fragen und die Gelegenheit, mit anderen Anwendern zu diskutieren:

*http://www.fico-forum.de.*

## Eine Auswahl weiterer Bücher von Espresso Tutorials:

- Jörg Weißmann:
  **Praxishandbuch Vertrieb (SD) in SAP S/4HANA®**
  *http://5370.espresso-tutorials.de*
- Björn Weber, Nikolaus Fankhauser:
  **Schnelleinstieg in die Produktionsprozesse (PP) in SAP® ERP und S/4HANA** *http://5387.espresso-tutorials.de*
- Robin Schneider:
  **Praxishandbuch SAP®-Geschäftspartner (Business Partner) – Funktionen und Integration in SAP S/4HANA® – 2., erweiterte Auflage** *http://5468.espresso-tutorials.de*
- Christine Kühberger:
  **Materialwirtschaft (MM) in SAP S/4HANA® – Deltafunktionen und Customizing** *http://5556.espresso-tutorials.de*
- Simone Bär, Andreas Wunsch:
  **Abrechnungsmanagement in SAP S/4HANA® – Konditionskontraktabrechnung – 2., erweiterte Auflage**
  *http://5557.espresso-tutorials.de*

**Bibliografische Information der Deutschen Nationalbibliothek**
Die Deutsche Nationalbibliothek verzeichnet diese Publikation in der Deutschen Nationalbibliografie; detaillierte bibliografische Daten sind im Internet über https://portal.dnb.de abrufbar.

Ilka Dischinger
**Lohnbearbeitung mit SAP S/4HANA® – Einkaufs- und Produktionsprozess**

**ISBN:** 978-3-960120-56-8

**Lektorat:** Anja Achilles

**Korrektorat:** Die Korrekturstube

**Coverdesign:** Philip Esch

**Coverfoto:** © ridvan_celik | Nr. 1155061812 – istockphoto.com

**Satz & Layout:** Johann-Christian Hanke

1. Auflage 2021



**URL:** *www.espresso-tutorials.de*



**Feedback**:
Wir freuen uns über Fragen und Anmerkungen jeglicher Art. Bitte senden Sie diese an: *info@espresso-tutorials.com*.

# Inhaltsverzeichnis

# Vorwort

Das vorliegende Buch beleuchtet die verschiedenen Facetten der Prozesse in der Lohnbearbeitung mit SAP S/4HANA. Es ist auf die logistischen Abwicklungen ausgerichtet und berührt die finanztechnischen Aspekte nur am Rande. Allgemeine betriebswirtschaftliche Hintergründe/Kenntnisse werden vorausgesetzt, um insbesondere den technischen SAP-Einstellungen besondere Aufmerksamkeit zu widmen.

Das Grundprinzip der Lohnbearbeitung unterliegt immer den gleichen Gegebenheiten: Ein Lieferant soll eine Dienstleistung, z. B. eine Veredelung, erbringen und zu deren Erfüllung muss dem Lieferanten, also dem Lohnbearbeiter, Material zur Verfügung gestellt werden.

Mit SAP S/4HANA haben sich durch die verpflichtende Einführung von Dispobereichen zur Darstellung des Lohnbeistellbestands die Stammdaten für die Lohnbearbeitung geändert. Dennoch folgt die Abwicklung der Prozesse wie schon im SAP ECC den gleichen Gesetzmäßigkeiten.

Sie finden in diesem Buch die Einstellungs- und Kombinationsmöglichkeiten zur Abbildung Ihrer logistischen Prozesse im Rahmen der Lohnbearbeitung in den Bereichen Fremdbeschaffung, Eigenfertigung und Reparatur. Es werden Tipps und Tricks gezeigt, die es erlauben, auch ohne Programmierung einen Prozessdurchlauf zu erzielen.

Das Buch richtet sich zum einen an Anwender in der Prozessabwicklung und zum anderen an diejenigen, die dafür die Einstellungen im Customizing vornehmen.

In den Text sind Kästen eingefügt, um wichtige Informationen besonders hervorzuheben. Jeder Kasten ist zusätzlich mit einem Piktogramm versehen, das diesen genauer klassifiziert:

**Hinweis**

Hinweise bieten praktische Tipps zum Umgang mit dem jeweiligen Thema.

**Beispiel**

Beispiele dienen dazu, ein Thema besser zu illustrieren.

**! Achtung**

Warnungen weisen auf mögliche Fehlerquellen oder Stolpersteine im Zusammenhang mit einem Thema hin.

## Die Form der Anrede

Um den Lesefluss nicht zu beeinträchtigen, verwenden wir im vorliegenden Buch bei personenbezogenen Substantiven und Pronomen zwar nur die gewohnte männliche Sprachform, meinen aber gleichermaßen Personen weiblichen und diversen Geschlechts.

## Hinweis zum Urheberrecht

Sämtliche in diesem Buch abgedruckten Screenshots unterliegen dem Copyright der SAP SE. Alle Rechte an den Screenshots hält die SAP SE. Der Einfachheit halber haben wir im Rest des Buches darauf verzichtet, dies unter jedem Screenshot gesondert auszuweisen.

# 1 Stammdaten

**Alle SAP-Prozesse bauen auf Stammdaten auf. Stammdaten umfassen all diejenigen Daten, die im Allgemeinen für eine gewisse Dauer unverändert bleiben. Der SAP-Materialstammsatz ist mit unserem Personalausweis vergleichbar. Dieser enthält Parameter, wie beispielweise unser Geburtsdatum, die nicht veränderbar sind. Der Personalweis ist quasi unser Stammdatensatz, der Materialstamm ist der Stammdatensatz zu einem Produkt.**

Zu den Stammdaten im SAP-System zählen der Materialstamm, die Stückliste, der Infosatz und viele mehr. Auch für die Prozesse in der Lohnbearbeitung sind Stammdaten mit speziell ausgeprägten Parametern notwendig, damit die Bewegungsdaten wie Lohnbearbeitungsbestellungen (LB-Bestellungen) erzeugt werden können.

Bewegungsdaten haben keine dauerhafte Gültigkeit, sie können sich ständig verändern.

## 1.1 Begriffe rund um die Lohnbearbeitung

Bevor wir mit der Anlage der Stammdaten beginnen, müssen wir einige für die Lohnbearbeitung wichtige Begriffe klären:

- Der *Lohnbearbeiter* ist der Lieferant des zu beschaffenden Produkts.
- Das zu beschaffende Produkt besitzt eine *Stückliste*.
- Die Stückliste besteht aus dem *Kopfmaterial* und dem oder den Komponentenmaterial/ien, den sogenannten *Beistellkomponenten*.

- Bei den *Beistellkomponenten* handelt es sich um die Materialien, welche dem Lohnbearbeiter vom Kunden für die Fertigung des Produkts beigestellt werden.

**Lackierung eines Motorgehäuses**

Ein Motorgehäuse muss lackiert werden. Die Lackierung wird von einer Lackiererei durchgeführt. Die Lackiererei ist der Lohnbearbeiter.

Das nicht lackierte Motorgehäuse ist die Beistellkomponente, während das lackierte Motorgehäuse das Kopfmaterial der Lohnbearbeitung darstellt.

## 1.2 Materialstamm

Wie in Abschnitt 1.1 erklärt, wird in der Lohnbearbeitung zwischen dem Kopfmaterial, das der Lohnbearbeiter herstellt, und der Beistellkomponente, die ihm für die Produktion zur Verfügung gestellt wird, unterschieden.

Einige Felder im Materialstamm des Kopfmaterials bzw. der Beistellkomponente werden demzufolge auch unterschiedlich ausgeprägt.

### 1.2.1 Kopfmaterial der Lohnbearbeitung

#### Beschaffungsart

Das Feld BESCHAFFUNGSART prägen Sie mit dem Beschaffungskennzeichen *F = Fremdbeschaffung* aus. Es befindet sich gewöhnlich auf dem Reiter **Disposition 2** im Materialstamm (siehe Abbildung 1.1).

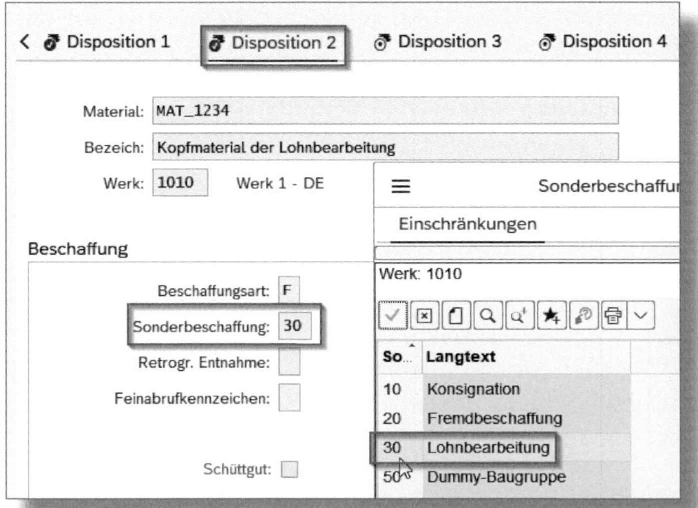


*Abbildung 1.1: Materialstamm des Kopfmaterials – SOBSL*

## Sonderbeschaffung

Das Feld SONDERBESCHAFFUNG muss mit einem Wert ausgeprägt werden, der die Lohnbearbeitung beschreibt. Dieser Wert wird als *Sonderbeschaffungsschlüssel (SOBSL)* bezeichnet. Die Kurzbezeichnung wird üblicherweise sehr schnell von SAP-Anwendern benutzt und sorgt manchmal für lustige Wortspielereien im SAP-Projekt.

Der SAP-Standard liefert für den SOBSL den Wert *30 = Lohnbearbeitung* aus. Dieser kann nur in Verbindung mit der BESCHAFFUNGSART *F = Fremdbeschaffung* im Materialstamm gesetzt werden.

Den SOBSL legen Sie je Werk im Materialstamm fest.

Wird das Kopfmaterial in mehreren Werken über die Lohnbearbeitung beschafft, muss in all diesen Werksichten des Materialstamms der SOBSL 30 ebenfalls gepflegt werden.

Auch das Feld SONDERBESCHAFFUNG finden Sie gemeinhin auf dem Reiter Disposition 2 im Materialstamm (siehe Abbildung 1.1).

Der SOBSL 30 steuert die Findung des Positionstyps »L« in der Bestellposition.

Ausgeprägt werden die Sonderbeschaffungsarten je Werk im Customizing unter

SPRO • PRODUKTION • BEDARFSPLANUNG • STAMMDATEN • SONDERBESCHAFFUNGSART FESTLEGEN.

In Abbildung 1.2 sehen Sie die Ausprägung des SOBSL für die Lohnbearbeitung. Wichtig dafür ist, dass das Feld SONDERBESCHAFFUNG mit der Ausprägung »*L*« definiert ist.

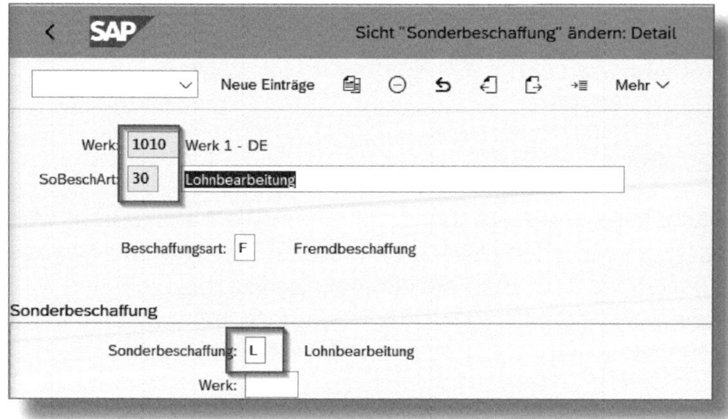


*Abbildung 1.2: Customizing des SOBSL je Werk*

## 1.2.2 Beistellkomponente der Lohnbearbeitung

Im Materialstamm der Beistellkomponente ist es nicht notwendig, spezifische Felder für die Lohnbearbeitung zu pflegen. Einzig der Dispositionsbereich (Dispobereich) des Lohnbearbeiters muss seit S/4HANA der Beistellkomponente zugeordnet werden, doch dazu mehr im nachfolgenden Abschnitt.

## 1.3 Dispobereiche

Mit SAP S/4HANA wird die Disposition der Beistellkomponenten mithilfe von Dispositionsbereichen durchgeführt.

Der *Dispobereich* ist eine selbstständige, disponierende Organisationseinheit, für die eine eigene Bedarfsplanung durchgeführt werden kann. Er muss im Customizing je Lohnbearbeiter angelegt und jeder Beistellkomponente zugeordnet werden.

### 1.3.1 Rückblick auf SAP ECC 6.0

Für die Disposition von Beistellkomponenten wurden uns in SAP ECC 6.0 in der aktuellen *Bedarfs- und Bestandsliste* (Transaktion *MD04)* extra Bestandsabschnitte je Lohnbearbeiter ausgewiesen.

Der Bestandsabschnitt je Lohnbearbeiter entfällt mit SAP S/4HANA und wird durch die Anwendung von Dispobereichen ersetzt.

Die Möglichkeit zur Anlage von Dispobereichen je Lohnbearbeiter war auch schon in SAP ECC vorhanden, doch gewöhnlich wurde diese aufgrund der Bestandsabschnitte je Lohnbearbeiter in der MD04 nicht genutzt.

### 1.3.2 Arbeiten ohne Dispobereiche

Wenn eine neue Softwareversion auf den Markt kommt, stellt sich der Kenner der Vorgängerversion die Frage, ob er wirklich auf Gewohntes und Bewährtes verzichten muss oder ob sich die Herstellerempfehlungen zur neuen Version geschickt umgehen lassen; zumal der Pflegeaufwand von werksbezogenen Dispobereichen je Lieferant sehr hoch erscheint.

Mein persönlicher Prozesstest einer Lohnbearbeitung hat ergeben, dass ohne Dispobereiche definitiv keine Abgrenzung in der *Bedarfs-*

*und Bestandsliste* zwischen frei verwendbarem Bestand und Lohnbeistellbestand (LB-Bestand) in SAP S/4HANA möglich ist (siehe Abbildung 1.3).

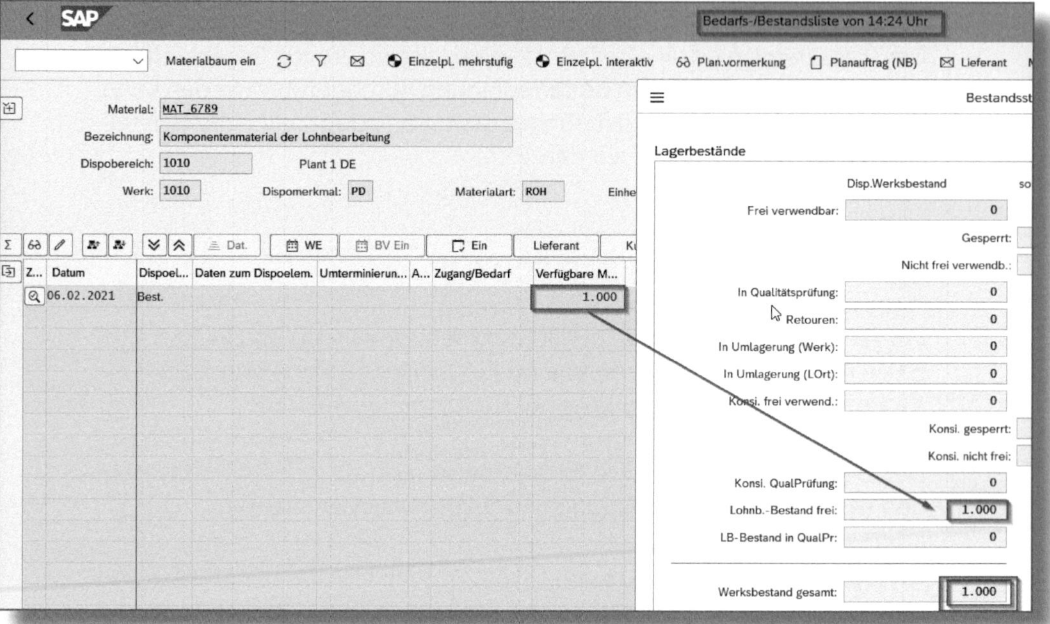


*Abbildung 1.3: Bedarfs- und Bestandsliste mit Bestandsübersicht*

**Fazit:** Wir kommen nicht umhin, einen Dispobereich je Lohnbearbeiter im Customizing anzulegen, denn ist dieser nicht gepflegt, wird der LOHNBEISTELLBESTAND als frei verwendbarer WERKSBESTAND in die Disposition eingerechnet.

Würden nun bestandsfordernde Elemente in der Bedarfs-/Bestandsliste erscheinen, würden sie den Werksbestand verbrauchen, obwohl dieser Bestand beim Lohnbearbeiter liegt.

**☛ Dispobereich zum Lohnbearbeiter**

Die Anlage vom Dispobereich zum Lohnbearbeiter im Customizing ist in SAP S/4HANA zwingend erforderlich, um die Bestandsabgrenzung der Beistellkomponenten zwischen Werksbestand und Bestand beim Lohnbearbeiter darstellen zu können.

Ist es dann auch zwingend notwendig, dass dieser Lohnbearbeiter-Dispobereich (*LB-Dispobereich*) der Beistellkomponente zugeordnet wird?

Auch diese Frage kann eindeutig bejaht werden, denn ohne diese Zuordnung wird zwar die Disposition in der Transaktion *MD04* = aktuelle Bedarfs- und Bestandsliste richtig angezeigt, doch die spätere Auslieferung wird den Bestand der Beistellkomponente im Werk nicht finden.

Getreu dem Motto »Der harte Kopf will durch die Wand, die aber leistet Widerstand!« beschreibe ich Ihnen in den nachfolgenden Abschnitten detailliert den Umgang mit und die Anlage bzw. Ausprägung von Dispobereichen im Customizing.

Das SAP-System kennt drei *Dispositionsbereichstypen*:

01 = Werk

02 = Lager

03 = Lohnbearbeiter

SAP verwendet beide Bezeichnungen: »Dispositionsbereich« und »Dispobereich«. Zur Vereinfachung findet im Weiteren stets letztgenannter Begriff Verwendung.

## 1.3.3 Dispobereich je Werk

Jedes Werk erhält in SAP S/4HANA seinen eigenen Dispobereich. Die Anlage des Dispobereichs und die Zuordnung je Werk erfolgt im Customizing:

SPRO • PRODUKTION • BEDARFSPLANUNG • STAMMDATEN • DISPOSITIONSBEREICHE • DISPOSITIONSBEREICH FÜR WERK/LAGERORTE DEFINIEREN.

Der DISPOBEREICH des Werks ist sinnvollerweise mit der Werksnummer benannt (siehe Abbildung 1.4).

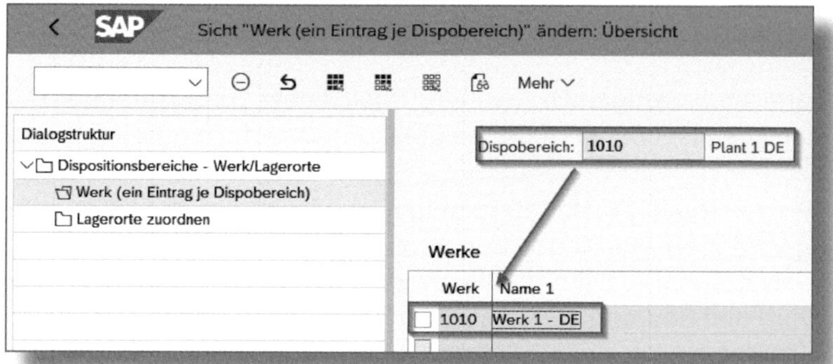


*Abbildung 1.4: Dispobereich je Werk*

Beim Dispobereich je Werk handelt es sich um den *Dispositionsbereichstyp 01*. Dieser umfasst das Werk mit all seinen Lagerorten.

## 1.3.4 Dispobereich »Lager«

Eine weitere Gliederung kann durch die Zuordnung einzelner Lagerorte zu Dispobereichen erfolgen.

Sobald diesen Lagerortdispobereichen Materialien zugeordnet werden, entfallen sie aus dem Werksdispobereich, d. h., sie werden nicht mehr im Werk mitdisponiert.

Die Verbindung zwischen Dispobereich und Lagerort entspricht dem *Dispositionsbereichstyp 02*.

## 1.3.5 Dispobereich »Lohnbearbeiter«

Der *Dispositionsbereichstyp 03* stellt die Bestands- und Bedarfssituation je Material und Lohnbearbeiter dar.

Die Verwendung von Dispobereichen soll vor allem für eine Verbesserung der Performance des Planungslaufs (Material Requirements Planning(MRP)-Lauf) sorgen. Jeder Dispobereich muss seinen eigenen Planungslauf erhalten.

### Anlage eines Dispobereichs

In diesem Abschnitt möchte ich Ihnen die Anlage der Dispobereiche anhand des Lohnbearbeiters zeigen. Sie erfolgt im Customizing unter folgendem Menüpfad:

SPRO • PRODUKTION • BEDARFSPLANUNG • STAMMDATEN • DISPOSITIONSBEREICHE • DISPOBEREICHE FÜR LOHNBEARBEITER DEFINIEREN

Alternativ verwenden Sie die Transaktion *OMIZ*.

Mit Klick auf den Button Neue Einträge erfassen Sie neue Dispobereiche zum Lohnbearbeiter.

Im ersten Schritt legen Sie den DISPOBEREICH an. Hier werden die Nummer und die Bezeichnung des Dispobereichs eingetragen (siehe Abbildung 1.5).

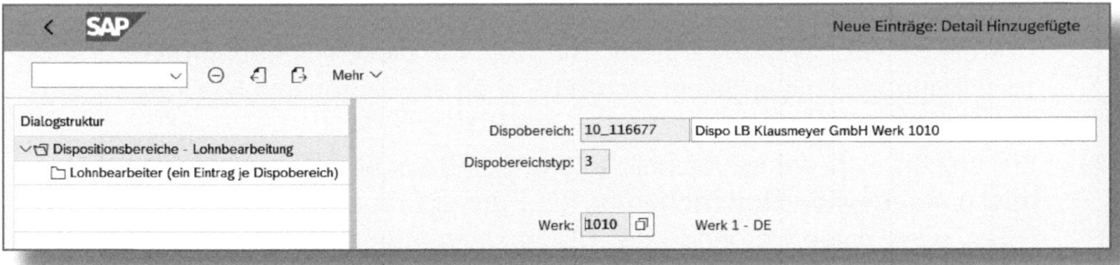


*Abbildung 1.5: Anlage des Dispobereichs*

Im zweiten Schritt folgt die Zuordnung des Lieferanten/Lohnbearbeiters zum Dispobereich (siehe Abbildung 1.6).

**! Der Lieferantenstamm muss angelegt sein!**

Damit die Zuordnung des Lohnbearbeiters zum Dispobereich gelingt, muss der Lieferantenstamm des Lohnbearbeiters angelegt sein, d. h., für den Geschäftspartner muss die Geschäftspartnerrolle »Lieferant« gepflegt sein.

Technisch ausgedrückt: Der Geschäftspartner erfordert einen Datensatz in der Tabelle *BUT000 = GP: Allgemeine Daten I* und einen in der Tabelle *LFA1 = Lieferantenstamm (allgemeiner Teil)*.

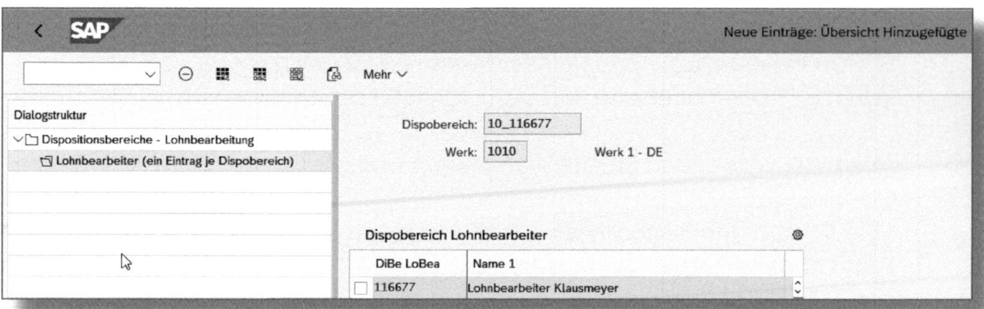


*Abbildung 1.6: Zuordnung des Lieferanten zum Dispobereich*

Den Dispobereich zum Lohnbearbeiter legen Sie pro Werk an. Je Dispobereich kann nur ein Lieferant zugeordnet werden. Sobald ein Lohnbearbeiter zwei Werke versorgt, müssen für diesen Lohnbearbeiter zwei Dispobereiche angelegt werden – eben ein Dispobereich je Werk.

Sie sollten sich daher vor der Anlage der Dispobereiche eine dynamisch wachsende Nummerierung und genaue Bezeichnungen überlegen, denn diese werden in der MD04 wieder zur Anzeige gebracht. Eine schnelle Wiederkennung des Lohnbearbeiters ist sehr sinnvoll (siehe Abbildung 1.7).

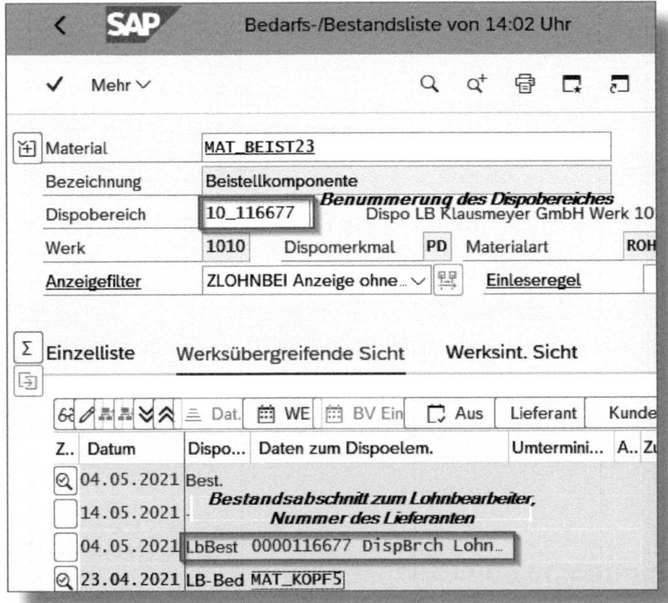


*Abbildung 1.7: MD04 – zusammenpassende Dispobereichs- und Lieferantennummer*

### ☛ Einstellung Bestandsabschnitt Lohnbearbeiter in MD04

Die Einstellungen für den in Abbildung 1.7 gezeigten Bestandsabschnitt zum Lohnbearbeiter in der MD04, auch unter S/4HANA, finden Sie in Abschnitt 13.6.

Die Nummerierung der Dispobereiche könnte beispielsweise zu einem Teil aus der Werksnummer und zum anderen Teil aus der Lieferantennummer bestehen.

Ist in der Nummerierung und/oder der Bezeichnung der Dispobereiche der Lohnbearbeiter inkludiert, lässt sich dessen Zuordnung in der tabellarischen Übersicht auf einen Blick erkennen (siehe Abbildung 1.8).

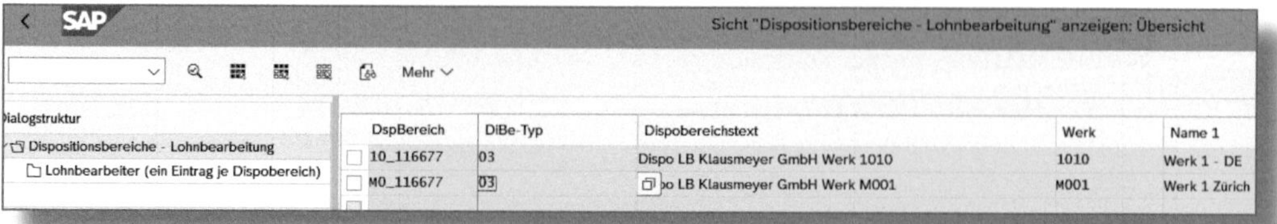


*Abbildung 1.8: Tabellarische Übersicht der Dispobereiche*

> **! Nummerierung der Dispobereiche**
>
> Für die Nummerierung der Dispobereiche müssen mindestens fünf und maximal neun alphanummerische Zeichen vergeben werden.

## 1.3.6 Dispobereiche und Customizing

Normalerweise werden Customizing-Aktivitäten im Entwicklungssystem durchgeführt und anschließend in das Test- und das Produktivsystem transportiert.

Für die Anlage der Dispobereiche bedeutet dies, dass die Lieferantenstammsätze für die Zuordnung zum Dispobereich bereits im Entwicklungssystem vorhanden sein müssten. Die ist allerdings unrealistisch, denn Lieferantenstammdaten werden im Produktivsystem gepflegt.

Dass die Anlage der Dispobereiche dem Customizing zugeordnet ist, ist demnach nicht praktikabel. Deshalb stellt sich die Frage, wie die Dispobereiche auch im Produktivsystem erstellt und gepflegt werden können.

Die Antwort darauf ist das Feld LAUFENDE EINSTELLUNGEN im Objekt der Customizing-Aktivität. Ist dieses Kennzeichen gesetzt, kann eine Customizing-Aktivität auch im Produktivsystem durchgeführt werden. In Kombination mit dem Feld TRANSPORT kann dann festgelegt werden, ob die Einstellungen in die nachfolgenden Systeme transportiert werden oder eben nicht.

**Objektschlüssel gefordert**

Für die Einstellungen in den Kopfdaten des Objekts der Customizing-Aktivität benötigen Sie einen Objektschlüssel. Mit dem Speichern der Einstellungen wird ein Workbench-Auftrag erstellt.

Für die Einstellungen im Customizing-Objekt folgen Sie dem Menüpfad (im Customizing):

SPRO • PRODUKTION • BEDARFSPLANUNG • STAMMDATEN • DISPOSITIONSBEREICHE • DISPOBEREICHE FÜR LOHNBEARBEITER DEFINIEREN.

Sie markieren die Customizing-Aktivität und wählen BEARBEITEN • IMG-AKTIVITÄT ANZEIGEN (siehe Abbildung 1.9).

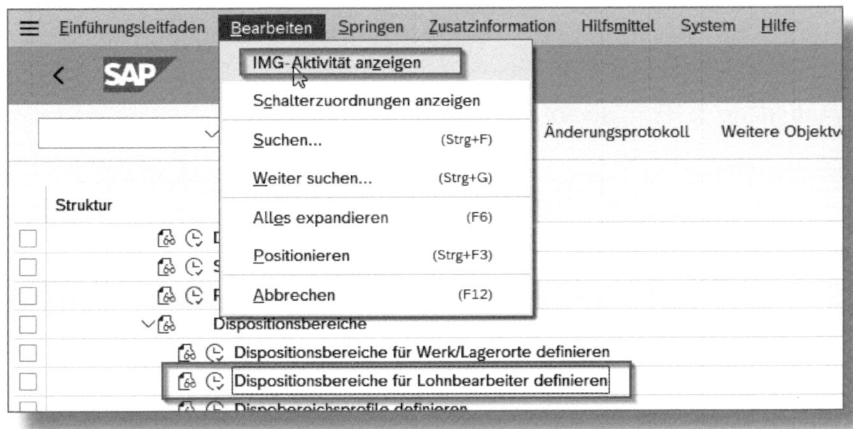


*Abbildung 1.9: Aufruf der Customizing-Aktivität*

Auf dem Reiter PFLEGEOBJEKTE sind die der Customizing-Aktivität zugeordneten Objekte hinterlegt (siehe Abbildung 1.10).

Mit einem Doppelklick auf das Objekt springen Sie in die Kopfdaten des Objekts (siehe Abbildung 1.11). Hier ist das Kennzeichen LAUFENDE EINSTELLUNGEN und ggf. das Feld TRANSPORT zu setzen.

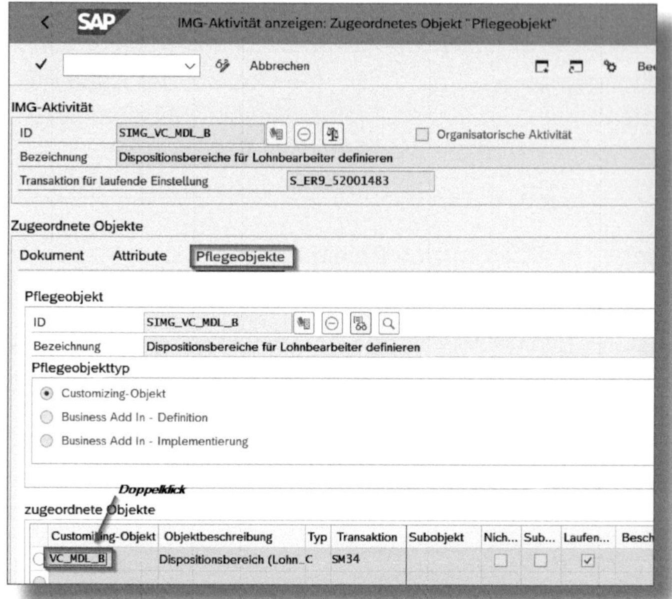


*Abbildung 1.10: Auswahl des Customizing-Objekts*

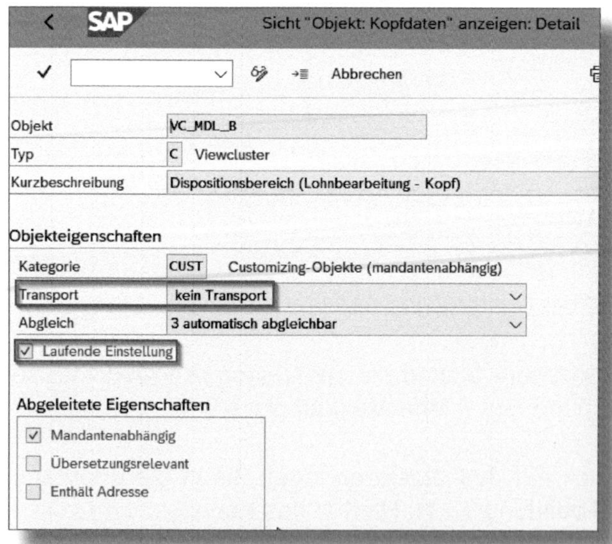


*Abbildung 1.11: Kopfdaten des Customizing-Objekts*

Im Fall der Dispobereiche ist KEIN TRANSPORT gewählt, denn der Transport von Dispobereichen aus dem Entwicklungssystem in das Produktivsystem ist aufgrund der nicht vorhandenen Lieferantenstammsätze nicht sinnvoll.

Ist das Kennzeichen LAUFENDE EINSTELLUNG gesetzt, enthält die Customizing-Aktivität eine eigene Transaktion (siehe Abbildung 1.12).

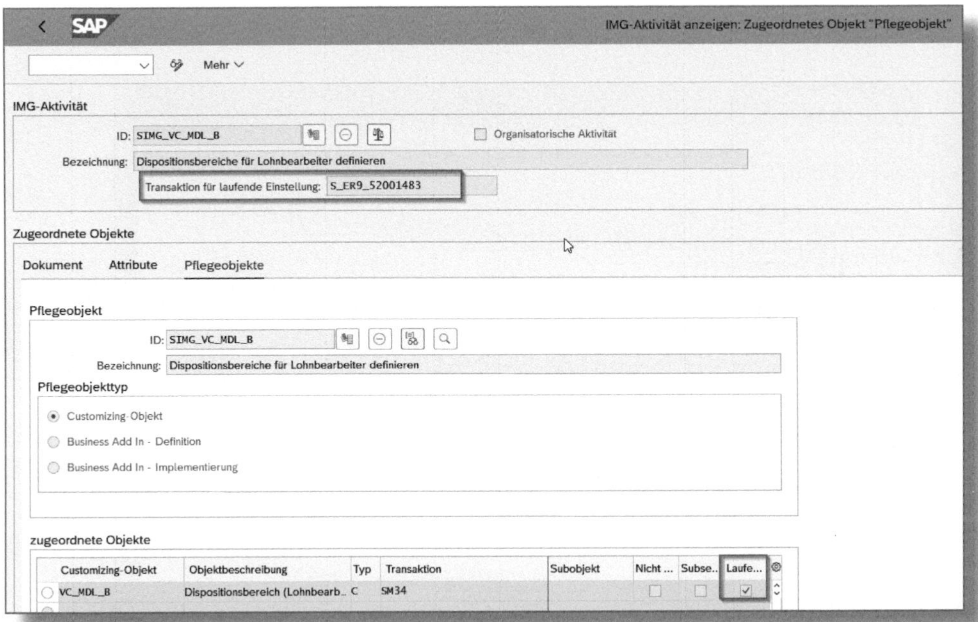


*Abbildung 1.12: Detailbild des Objekts*

### 1.3.7 Darstellung der Dispobereiche in der aktuellen Bedarfs- und Bestandsliste

Die drei verschiedenen Dispobereichstypen sind nun erklärt; es bleibt die Frage, wie sich die verschiedenen Dispobereiche in der aktuellen Bedarfs- und Bestandsliste (MD04) darstellen.

In Abbildung 1.13 sehen Sie eine Gegenüberstellung vom Dispobereich »Werk« und dem Dispobereich zum Lohnbearbeiter. Zu erkennen sind der Werksbestand mit *0* Stück und der Bestand beim Lohnbearbeiter mit *1.000* Stück. Es ist eine klare Abgrenzung zwischen Werksbestand und Bestand beim Lohnbearbeiter erfolgt.

Nun gilt es zu entscheiden, ob der Bestand beim Lohnbearbeiter mit anderen Dispomerkmalen disponiert werden soll als der Bestand im Werk, also im Werksdispobereich.

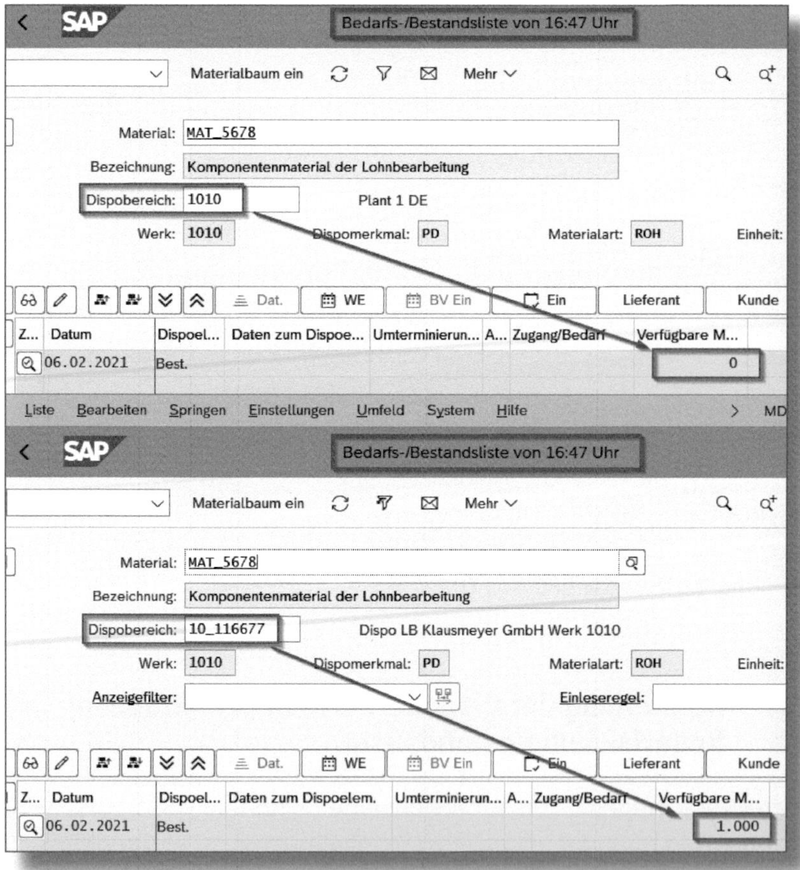


*Abbildung 1.13: Vergleich von Werksdispobereich und Dispobereich »Lohnbearbeiter«*

> **☛ Auswirkung fehlender Dispobereich zum Lohnbearbeiter**
>
> Wir erinnern uns an Abbildung 1.3, in der zu erkennen ist, dass ohne Anlage des Dispobereichs zum Lohnbearbeiter im Customizing der LB-Bestand im Werksbestand verrechnet würde.

### 1.3.8 Zuordnung von Dispobereichen zur Beistellkomponente

Nach der Anlage der Dispobereiche je Lohnbearbeiter im Customizing (siehe Abschnitt 1.3.6) ist es notwendig, die Dispobereiche den Beistellkomponenten zuzuordnen und mit eigenen Dispoparametern auszustatten.

*Dispoparameter* je Beistellkomponente im Dispobereich sind beispielsweise dann notwendig, wenn

- die Beistellkomponente zur Weiterverarbeitung direkt vom Lieferanten zum Lohnbearbeiter geliefert werden soll – wir sprechen dann von der *Lohnbearbeitungsstreckenabwicklung* –, oder
- der Beistellkomponente soll eigens für die Lohnbearbeitung ein eigener Disponent zugeordnet werden.

Lassen Sie mich die möglichen Ausprägungen im Dispobereich an einigen Beispielen erklären.

**Beispiel 1: Lohnbearbeitungsstreckenbestellung – SOBSL 20**

Am Beispiel der *Lohnbearbeitungsstreckenbestellung*, also der Lieferung der Beistellkomponenten vom Lieferanten zum Lohnbearbeiter, soll die Zuordnung des Dispobereichs zur Beistellkomponente und die Ausprägung der Dispobereichsparameter erklärt werden. Weitere Informationen zu diesem Prozess finden Sie in Kapitel 5.

Die Beistellkomponente A unterliegt im Werk der BESCHAFFUNGSART = F. Die Zuordnung des Dispobereichs erfolgt einzeln je Beistellkomponente mit der Transaktion *MM02* (Material ändern), und zwar auf dem Reiter Disposition 1 über den Button Dispositionsbereiche.

Im darauffolgenden Auswahlbild DISPOBEREICHE werden in der Werthilfe zum Feld DISPOBEREICH nur diejenigen Dispobereiche gefunden, die im Materialstamm zum gewählten Werk angelegt worden sind (siehe Abbildung 1.14).

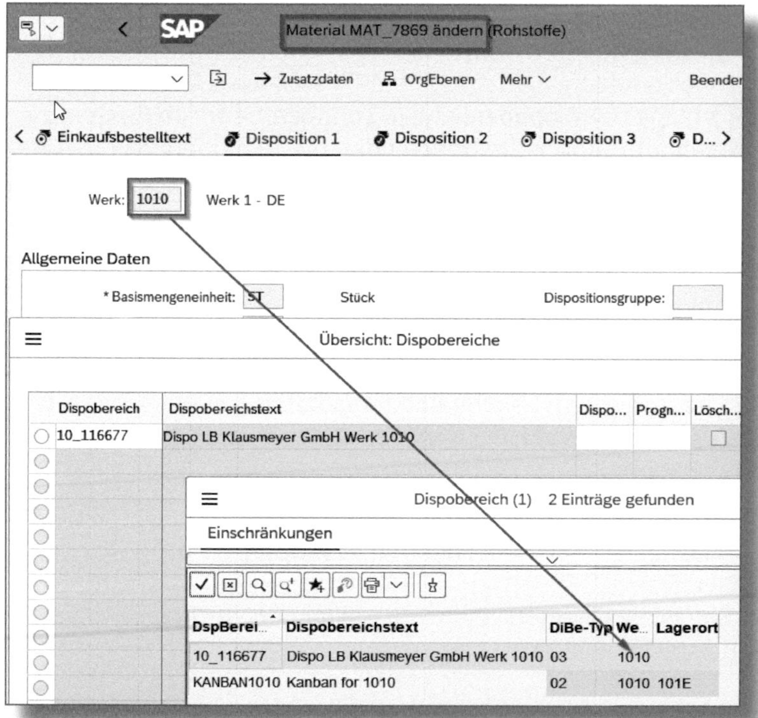


*Abbildung 1.14: Auswahl der Dispobereiche im Werk für die Zuordnung im Materialstamm*

Mit dem Button Prüfen (unten rechts, hier nicht mehr im Bild) springen Sie in die Detailsicht des Dispobereichs (siehe Abbildung 1.15).

Dort können Sie die Felder für die separate Planung des gewählten DISPOBEREICHS ausprägen.

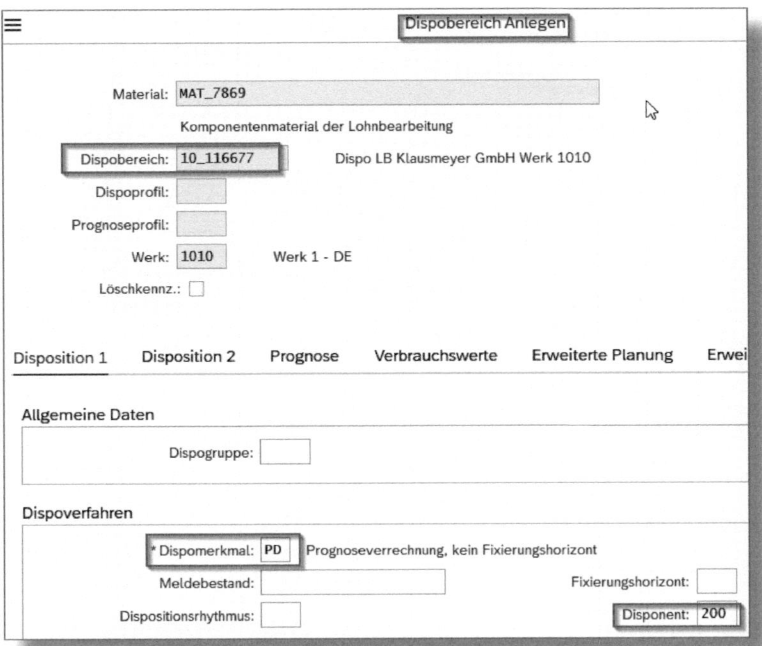


*Abbildung 1.15: Sicht »Disposition 1« im Dispobereich des Lohnbearbeiters*

Das DISPOMERKMAL, der DISPONENT und das Losgrößenverfahren sind, wie auch im Werk, Mussfelder in der Sicht DISPOSITION 1. Hier kann jedoch ein anderes Dispomerkmal und/oder ein anderer Disponent als in der Werkssicht des Materials ausgewählt werden.

Das Feld SONDERBESCHAFFUNG ist ein Muss-Feld des Reiters DISPOSITION 2 und wird für den Prozess der Lohnbearbeitungsstreckenabwicklung (siehe Kapitel 5) mit dem Wert 20 = FREMDBESCHAFFUNG ausgeprägt (siehe Abbildung 1.16).

Dieser SONDERBESCHAFFUNGSSCHLÜSSEL wird standardmäßig mit S/4HANA ausgeliefert.

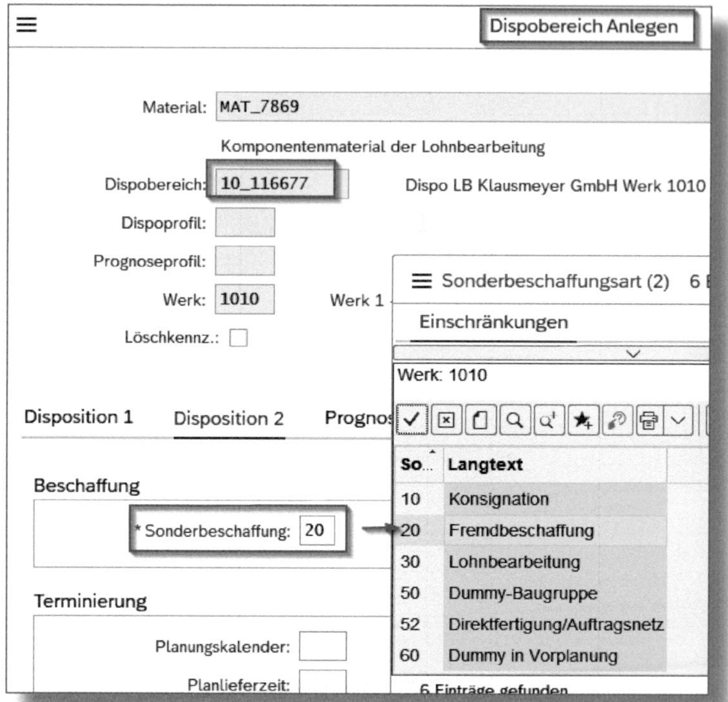


*Abbildung 1.16: Sicht »Disposition 2« im Dispobereich des Lohnbearbeiters*

In der Bedarfs- und Bestandsliste (*MD04*) wirkt sich die Zuordnung des Dispobereichs zur Beistellkomponente mit dem SOBSL 20 wie folgt aus:

Das Kopfmaterial der Lohnbearbeitung erhält im Werk einen Bedarf, hier einen SICHERHEITSBESTAND. Dieser Bedarf soll in unserem Fall mit einer *Bestellanforderung* (Banf) gedeckt werden. Die Banf hat ihre *Bezugsquelle*, ihren LIEFERANTEN, bereits erkannt (siehe Abbildung 1.17).

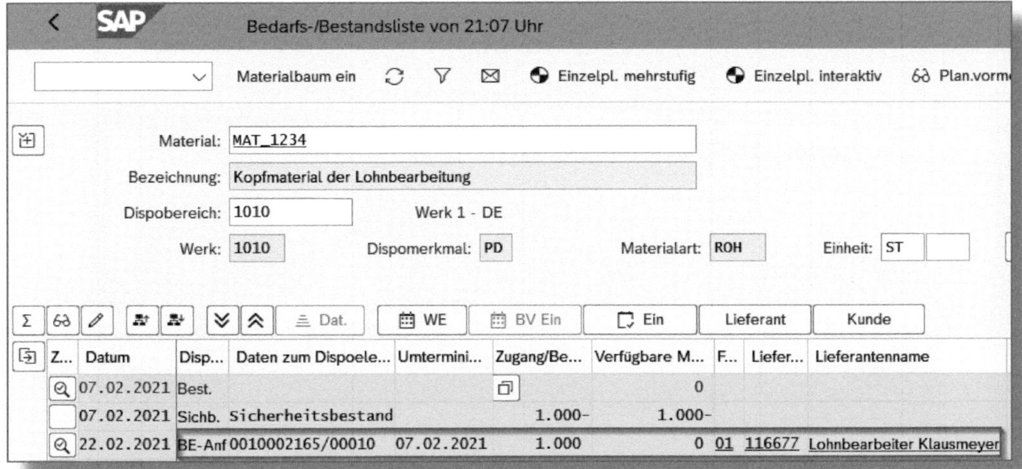


*Abbildung 1.17: Kopfmaterial der Lohnbearbeitung mit Banf*

### Bezugsquelle in der Banf

Die Bezugsquelle wurde während des MRP-Laufs im Feld FESTER LIEFERANT der Banf-Position gefunden. Es handelt sich um den Lieferanten, den Lohnbearbeiter des Kopfmaterials. Er wurde anhand des Infosatzes ermittelt.

Betrachten wir nun die *MD04* der *Beistellkomponente*: Die Stückliste des Kopfmaterials wurde mittels MRP-Laufs aufgelöst, die Banf des Kopfmaterials reicht ihren Bedarf an die Beistellkomponente weiter.

In Abbildung 1.18 ist zu erkennen, dass im WERKSDISPOBEREICH 1010 der Bedarf für die Beistellkomponente nicht auffindbar ist.

Der Bedarf der Banf des Kopfmaterials schlägt sich direkt im DISPOBEREICH 10_116677 zum Lohnbearbeiter als LB-BED (Beistellbedarf) nieder.

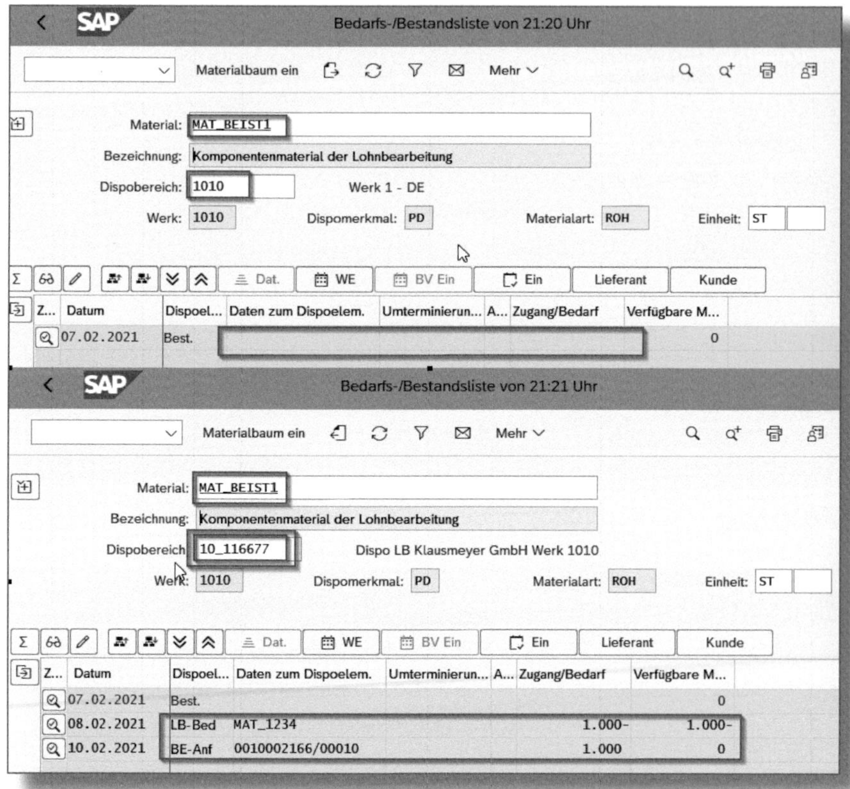


*Abbildung 1.18: Komponentenmaterial der Lohnbeistellung*

Der LB-BED wird nun wiederum mit einer Banf gedeckt. In dieser Banf ist die Anlieferadresse des Lohnbearbeiters hinterlegt, sodass der Lieferant der Beistellkomponente diese zur Weiterverarbeitung direkt an den Lohnbearbeiter liefern kann (siehe Abbildung 1.19).

Der Wareneingang der Beistellkomponente beim Lohnbearbeiter wird in den *Lohnbearbeitungsbestand* gebucht.

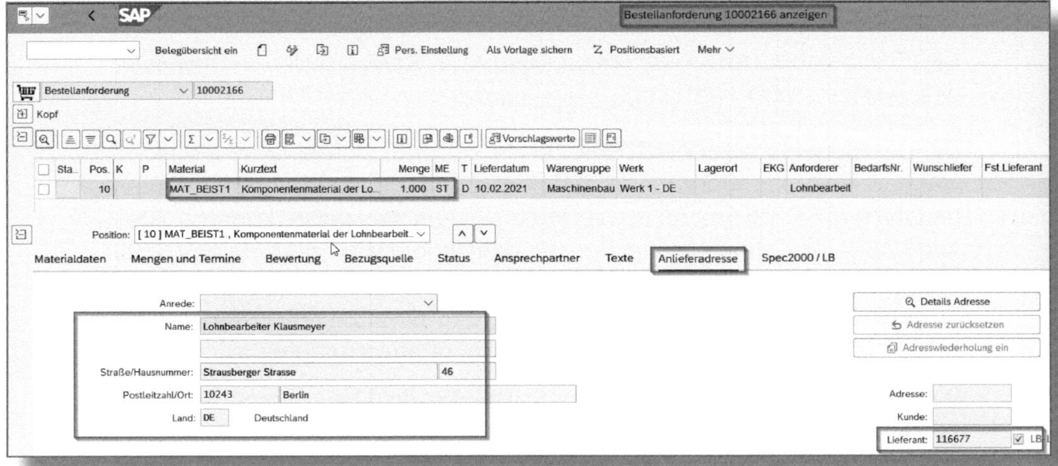


*Abbildung 1.19: Banf der Beistellkomponente mit direkter Anlieferung beim Lohnbearbeiter*

## Beispiel 2: Umlagerung von Beistellkomponenten – SOBSL 45

Lassen Sie uns folgende Ausgangssituation betrachten: Die Beistellkomponente A unterliegt im Werk der BESCHAFFUNGSART F. Der Lieferant übergibt die Beistellkomponente ins Werk. Dort wird diese zum einen für die Produktion im Werk und zum anderen beim Lohnbearbeiter benötigt.

In diesem Anwendungsfall muss die Beistellkomponente in den Dispobereich des Lohnbearbeiters umgelagert werden.

Der Beistellkomponente wird der Dispobereich zum Lohnbearbeiter im Materialstamm zugeordnet. Der Dispobereich wird mit einem SOBSL ausgestattet, der die Umlagerung aus dem Werk in den Dispobereich steuert. Ein solcher Sonderbeschaffungsschlüssel wird standardmäßig nicht mit SAP S/4HANA ausgeliefert. So gilt es, diesen im Customizing anzulegen (siehe Abbildung 1.20).

Die Ausprägung des SOBSL erfolgt im Customizing:

SPRO • PRODUKTION • BEDARFSPLANUNG • STAMMDATEN • SONDERBESCHAFFUNGSART FESTLEGEN.

Bei der Neuanlage eines SOBSL ist es sinnvoll, sich eine dynamisch wachsende Nummerierung zu überlegen und die standardmäßig ausgelieferten SOBSL nicht zu verändern. Beispielsweise könnten die 4er-SOBSL zur Umlagerung aus Werken benutzt werden; *SOBSL 50* bleibt als allgemein bekannte Sonderbeschaffungsart für Dummy-Baugruppen aus der SAP-Standardauslieferung erhalten, ebenso wie der *SOBSL 30* für die Sonderbeschaffung der Lohnbearbeitung.

Die beispielhafte Ausprägung des SOBSL für die Umlagerung der Beistellkomponente aus dem Werk sehen Sie in Abbildung 1.20.

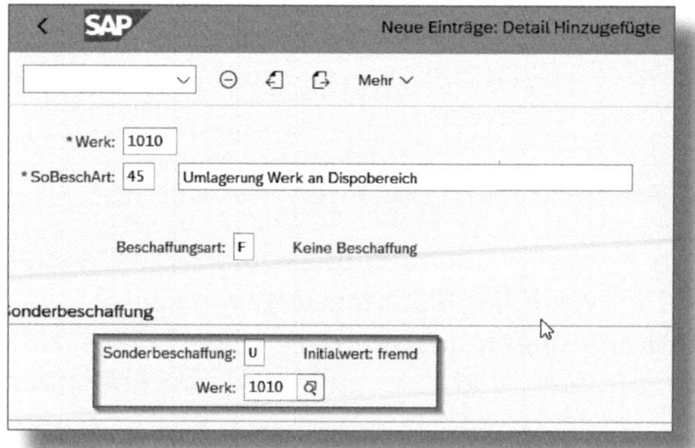


*Abbildung 1.20: Customizing des SOBSL – Umlagerung aus dem Werk*

Der zugeordnete Dispobereich zur Beistellkomponente ist nun mit dem *SOBSL 45 = Umlagerung aus dem Werk* ausgestattet (siehe Abbildung 1.21).

In der Bedarfs- und Bestandsliste (MD04) wirkt sich die Zuordnung des Dispobereichs zur Beistellkomponente mit dem SOBSL 45 wie folgt aus:

Das Kopfmaterial der Lohnbearbeitung erhält einen Bedarf, hier einen Sicherheitsbestand. Dieser Bedarf soll in unserem Fall mit einer *Bestellanforderung* (Banf) gedeckt werden (siehe Abbildung 1.22). Für die Banf wurde die *Bezugsquelle*, ihr Lieferant, bereits gefunden.

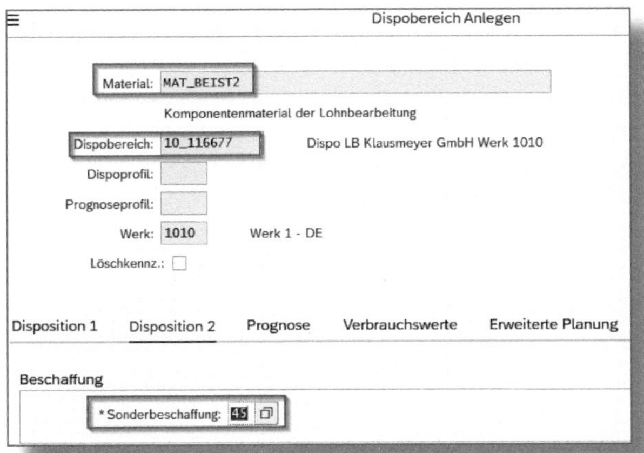


*Abbildung 1.21: Dispobereichszuordnung zum Material –Ausprägung mit SOBSL 45*

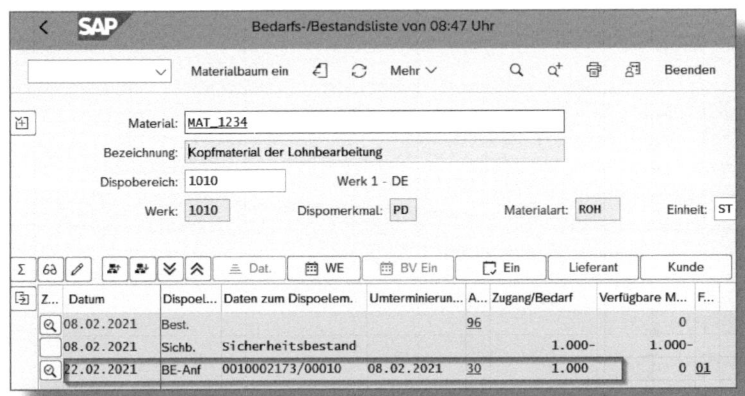


*Abbildung 1.22: Kopfmaterial der Lohnbearbeitung mit Banf*

Die Stückliste des Kopfmaterials wurde mit einem MRP-Lauf aufgelöst. Die Banf des Kopfmaterials reicht ihren Bedarf an die Beistellkomponente weiter. Dieser wird im Dispobereich 10_116677 zum Lohnbearbeiter der Beistellkomponente als LB-BED (Beistellbedarf) angezeigt.

Der LB-BED im Dispobereich des Lohnbearbeiters wird aufgrund der Auswahl des SOBSL 45 im Dispobereich mit einer *Umlagerungsreser-*

*vierung (UL-Res)* aus dem Werk gedeckt. Die UL-Res ist in Abbildung 1.23 als MR-RES = Materialreservierung im Werk zu erkennen. Es handelt sich dabei um eine Reservierung der Bewegungsart (BWA) 541 »WA Lager an Lieferantenbeistellbestand«. Die MR-RES wird wiederum im Werk mit einer Banf gedeckt.

Abbildung 1.23 zeigt den gesamten Sachverhalt.

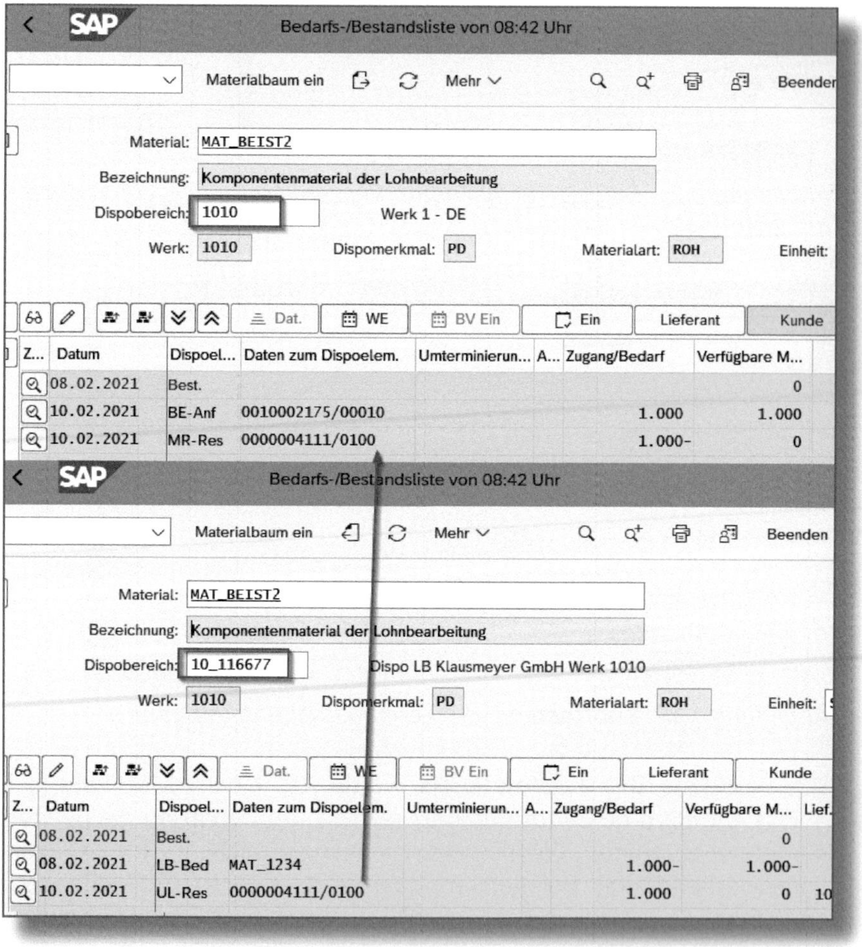

*Abbildung 1.23: Beistellkomponente »Beschaffungsart = F« im Dispobereich und Werk*

Die Bedarfe zur Beistellkomponente, egal ob es sich um Bedarfe aus dem Werk beispielsweise aus übergeordneten Baugruppen in der Produktion, oder aus der Lohnbearbeitung handelt, werden im Werksdispobereich zusammengefasst dargestellt.

### 1.3.9 Auswertung von Dispobereichen

Die Zuordnung der Dispobereiche zum Beistellmaterial können Sie sich in der *Tabelle MDMA* ansehen. Außerdem können Sie sich diese Zuordnung im Customizing des Dispobereichs anzeigen lassen. Folgen Sie dazu dem Pfad

PRODUKTION • BEDARFSPLANUNG • STAMMDATEN • DISPOBEREICHE • DISPOBEREICHE FÜR LOHNBEARBEITER DEFINIEREN.

Mit einem Doppelklick auf den entsprechenden Dispobereich erscheint der Button [Materialübersicht zum Dispobereich], der Sie in die Übersicht der zugeordneten Materialien führt.

## 1.4 Stückliste

Die Stückliste ist ein Objekt, das zwingend für die Abwicklung der Lohnbearbeitung mit Beistellkomponenten anzulegen ist. Sie wird in der Bestellung als *Komponentenliste* angezeigt. Zudem werden entlang der Stücklistenauflösung die Bedarfe für die Beistellkomponenten gebildet.

In der Stückliste des Kopfmaterials werden die vom Lohnbearbeiter benötigten Beistellkomponenten zugeordnet.

Mit der Transaktion *CS01* legen Sie eine Stückliste an.

Ein Kopfmaterial kann mehrere Stücklisten besitzen: eine Stückliste für die Lohnbearbeitung, aber auch eine für die Eigenfertigung. Natürlich sind ebenso diverse Stücklisten in Bezug auf die Lohnbearbeitung möglich, sei es aufgrund verschiedener Fertigungstechnologien beim Lohnbearbeiter oder wegen des Einsatzes unterschiedlicher Rohstoffe.

Stücklisten lassen sich in *Stücklistenalternativen* unterscheiden. Im Kopf der Stückliste können Sie für jede ALTERNATIVE eine Bezeichnung vergeben, die die Stücklistenalternative näher beschreibt (siehe Abbildung 1.24).

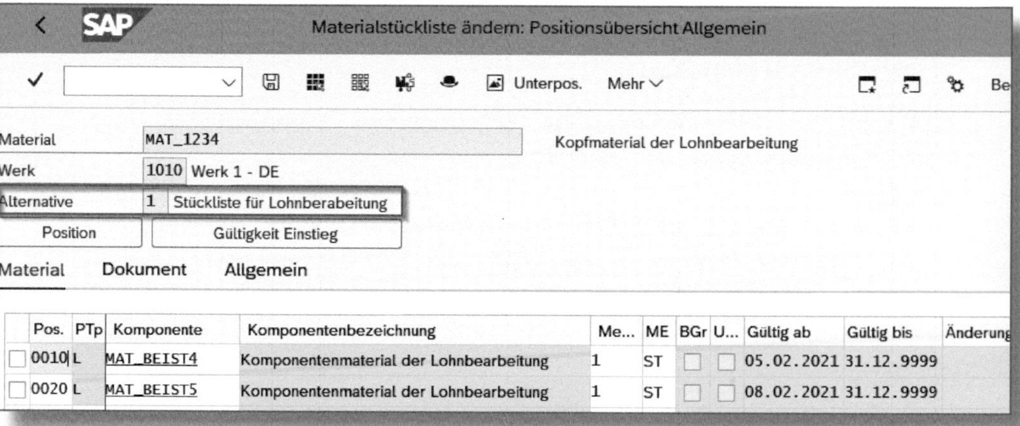


*Abbildung 1.24: Stückliste – Positionsübersicht*

Sie legen pro Stücklistenposition die Menge der Beistellkomponente fest, die benötigt wird, um die Basismenge im Kopf der Stückliste zu erzeugen. Beispielhaft ausgedrückt: Sie legen in der Stücklistenposition die Menge der Reifen fest, die Sie zur Produktion von einem Stück (Basismenge des Kopfmaterials) Auto benötigen. Den Stücklistenkopf erreichen Sie mit dem Button (siehe Abbildung 1.25).

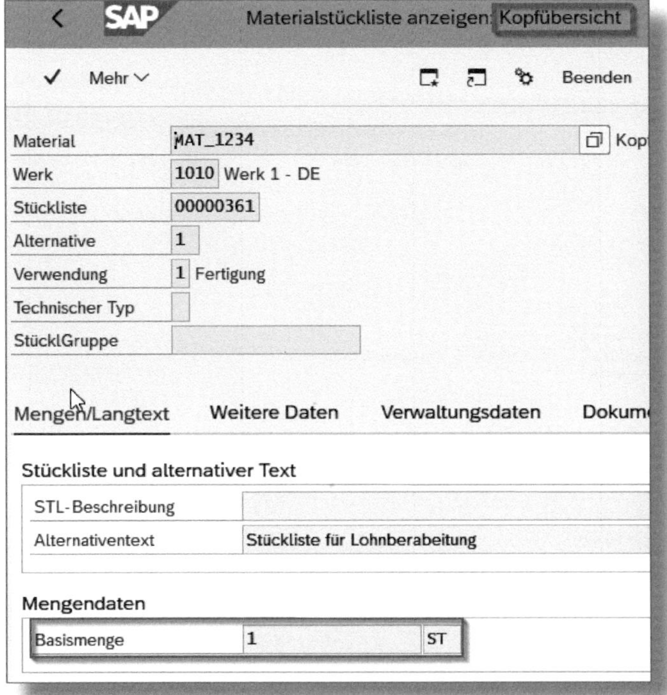


*Abbildung 1.25: Kopf der Stückliste mit Basismenge*

Im Detailbild der Position, das Sie über den Button Status/Langtext aufrufen (siehe Abbildung 1.26), legen Sie im Feld BEISTELLTEIL-KZ. fest, ob

- eine Stücklistenposition direkt vom Lohnbearbeiter oder
- dem Lohnbearbeiter die Beistellkomponente

zur Verfügung gestellt wird. Im Falle der Beistellung direkt vom Lohnbearbeiter wird das BEISTELLTEIL-KZ. mit einem *X = Aufarbeitungsmaterial von LB* bewertet. Der MRP-Lauf erzeugt damit keinen Sekundärbedarf für diese Stücklistenposition.

Wird die Stücklistenposition von Ihnen selbst beigestellt, bleibt dieses Feld leer.

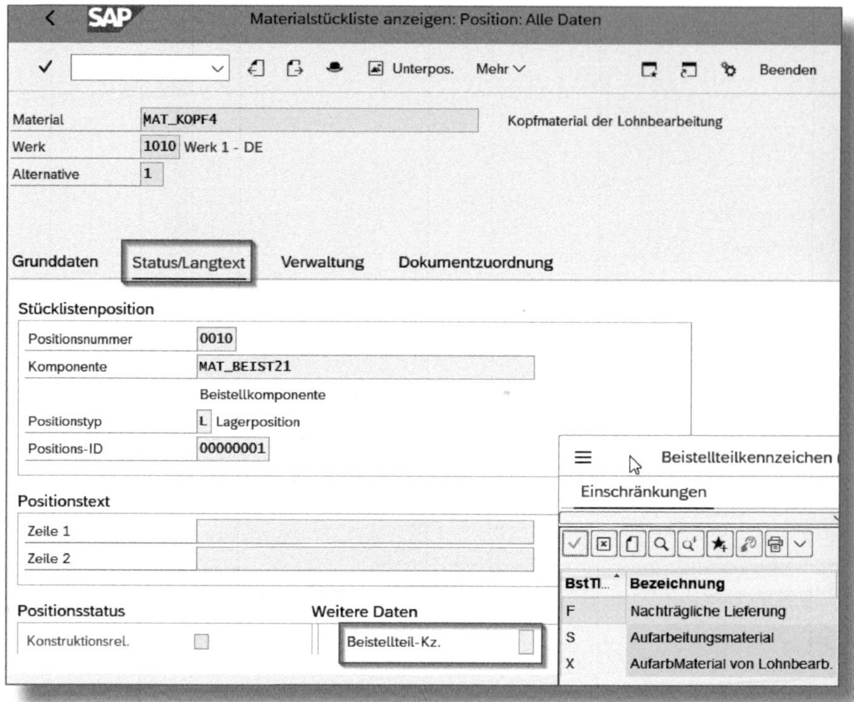


*Abbildung 1.26: Detail der Stücklistenposition*

## 1.5 Fertigungsversion

Eine *Fertigungsversion* fasst die zeitliche und mengenmäßige Gültigkeit der zur Fertigung benötigten Objekte, wie Stücklistenalternative und Arbeitsplan (Plantyp, Plangruppe und Plangruppenzähler), zusammen. Je nach Anzahl der Stücklistenalternativen und/oder Arbeitspläne (Plangruppe und Plangruppenzähler) können für ein Material mehrere Fertigungsversionen gepflegt werden.

**! Fertigungsversionspflicht**

Mit SAP S/4HANA ist die Fertigungsversionspflicht eingeführt worden. Die Auflösung der Stücklistenalternative wird im MRP nur für Stücklisten durchgeführt, die einer gültigen Fertigungsversion zugeordnet sind.

Selbst wenn nur eine Stücklistenalternative und ein Arbeitsplan zum Material existieren, werden diese nur mit Zuordnung zu einer gültigen Fertigungsversion zum Material gefunden.

**Auswahl der Fertigungsversion in SAP ECC**

Aus dem Materialstamm in SAP ECC ist das Feld ALTERNATIVE SELEKTION in der Sicht ARBEITSVORBEREITUNG für den alternativen Einsatz von Fertigungsversionen bekannt. Dieses Feld ist in SAP S/4HANA aus dem Materialstamm verschwunden. In der Tabelle *MARC-ALTSL* kann es zwar noch selektiert werden, doch spielt es in der Auflösung von Stücklisten und Arbeitsplänen in SAP S/4HANA keine Rolle mehr.

Auch für die Lohnbearbeitung ist die Pflege der Fertigungsversion am Kopfmaterial notwendig, obwohl hier nur die Stückliste, jedoch kein Arbeitsplan existiert.

## 1.5.1 Anlage einer Fertigungsversion zum Material

Die Fertigungsversion pflegen Sie im Materialstamm auf dem Reiter Disposition 4 oder auf dem Reiter Kalkulation 1 (siehe Abbildung 1.27).

Wie Sie Fertigungsversionen massenweise anlegen, erfahren Sie in Abschnitt 13.4.

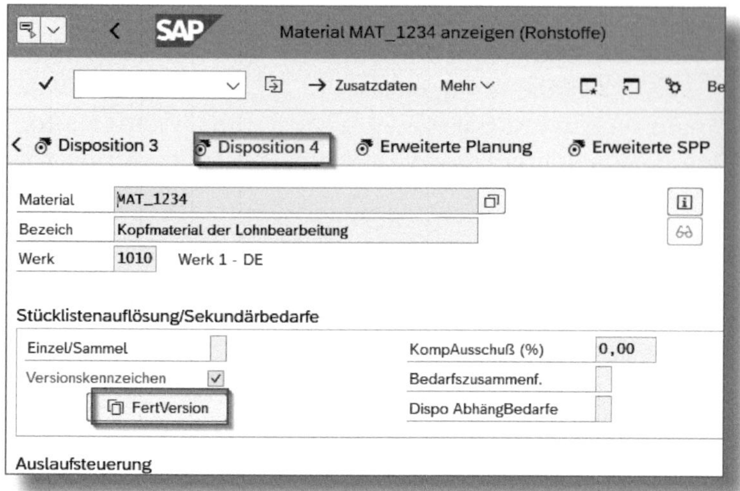


*Abbildung 1.27: Aufruf der Fertigungsversion im Materialstamm*

Sollen einem Material mehrere Fertigungsversionen zugeordnet werden, ist es sinnvoll, für diese jeweils eine aussagekräftige Bezeichnung zu vergeben. Ein zuverlässiger Wechsel in der Disposition zwischen den Fertigungsversionen gelingt nur dann, wenn der Unterschied zwischen den Fertigungsversionen in der Prozessabwicklung auf den ersten Blick zu erkennen ist (siehe Abbildung 1.28).

Die Nummerierung der Fertigungsversionen kann frei mit bis zu vier Zeichen vergeben werden.

Im Detailbild der Fertigungsversion tragen Sie für die Lohnbearbeitung die entsprechende Stücklistenalternative ein.

Mit SAP S/4HANA kann der Fertigungsversion über das Feld SPERRE ein Sperrstatus zugeordnet werden. Ist ein solcher mittels *gesperrt für ...* gesetzt, sind die Fertigungsversion und somit die Stückliste mit den Beistellkomponenten in der Lohnbearbeitungsbestellung nicht ermittelbar (siehe Abbildung 1.29).

*Abbildung 1.28: Beispielhafte Bezeichnung der Fertigungsversionen*

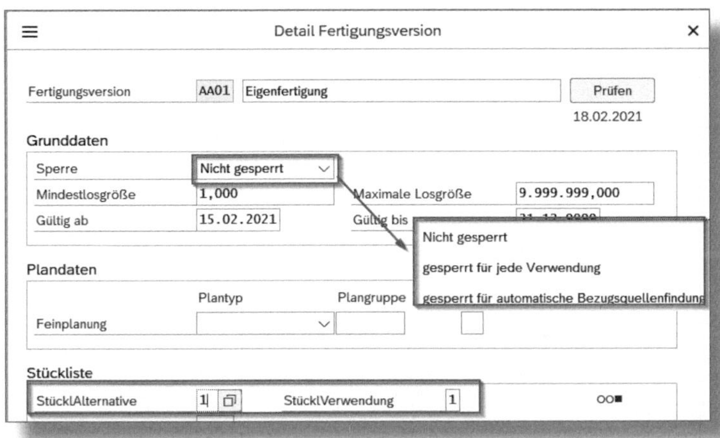


*Abbildung 1.29: Detailbild der Fertigungsversion*

## ! Finden der Fertigungsversion

Die Fertigungsversion wird im MRP nur dann gefunden, wenn sich die geplante Zugangsmenge im Mengenbereich – festgelegt über die Felder MINDESTLOSGRÖSSE und MAXIMALE LOSGRÖSSE – und der anvisierte Liefertermin im Gültigkeitsbereich (GÜLTIG AB ... BIS) der Fertigungsversion befinden und diese keinen Sperrstatus besitzt.

Eine Übersicht der Zuordnung der Fertigungsversion zum Material befindet sich in der Tabelle *MKAL*.

## 1.5.2 Kalkulation mit Fertigungsversion

Die Kalkulation des Kopfmaterials wird immer mit der Fertigungsversion durchgeführt, die im Materialstamm im Reiter Kalkulation 1 eingetragen ist (siehe Abbildung 1.30).

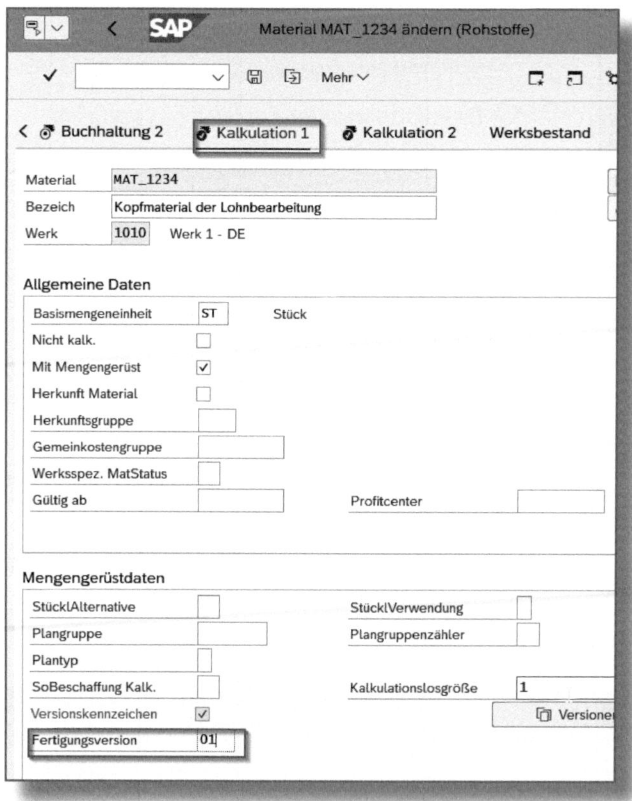


*Abbildung 1.30: Materialstamm – Sicht »Kalkulation 1«*

Sollte eine Fertigungsversion gepflegt sein, die nicht gültig ist, sei es durch einen Sperrstatus oder den Gültigkeitsbereich (GÜLTIG AB ... BIS), wird vom System die nächstgültige Fertigungsversion für die Kalkulation ausgewählt.

Wird die Kalkulation eines Materials mit der Transaktion *CK11N* angestoßen, kann im Reiter Mengengerüst ebenfalls eine Fertigungsversion eingetragen werden. Diese vorgegebene Fertigungsversion würde dann die Fertigungsversion im Materialstamm übersteuern.

## 1.6 Infosatz

Im Infosatz wird die Verbindung zwischen Material und Lieferant gepflegt.

Einen Infosatz generieren Sie mit der Transaktion *ME11 (Infosatz anlegen)*.

Der Infosatz ist in Organisationsebenen gegliedert. Dies ermöglicht Ihnen, den Infosatz nur zur Einkaufsorganisation oder z. B. zur Einkaufsorganisation mit Verknüpfung zum Werk anzulegen. Dies gilt es zu bestimmen, wenn sich beispielsweise die Konditionen im Infosatz je Werk unterscheiden sollen.

Für die Lohnbearbeitung wird der Infosatz für das Kopfmaterial mit dem INFOTYP *3 = Lohnbearbeitung* angelegt (siehe Abbildung 1.31).

Die Daten des Infosatzes werden in der *Tabelle EINA* und in der *Tabelle EINE* gespeichert.

Nachfolgend sollen wichtige Felder des Infosatzes kurz erklärt werden.

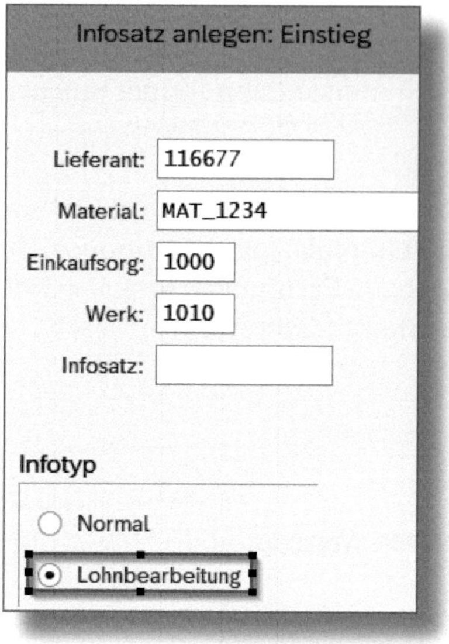

*Abbildung 1.31: Einstieg »Infosatz anlegen«*

## 1.6.1 Fertigungsversion

Im Feld VERSION tragen Sie optional die Fertigungsversion ein, die die Stücklistenalternative enthält, nach der der Lohnbearbeiter die Beistellkomponenten bekommen soll. In der Bestellung wird dann immer die Stücklistenalternative dieser Fertigungsversion aufgelöst.

**! Fertigungsversion im Infosatz wird nicht auf Gültigkeit geprüft**

Ist die Fertigungsversion im Infosatz hinterlegt, wird diese im MRP gefunden, auch wenn sich die geplante Zugangsmenge nicht im Mengenbereich und der geplante Liefertermin nicht im Gültigkeitsbereich der Fertigungsversion befinden.

### 1.6.2 Zeitnahe Verbrauchsbuchung

Das Setzen des Feldes ZEITNVERB. ist Voraussetzung für den Prozess der *zeitnahen Verbrauchsbuchung* der Beistellkomponenten (siehe auch Kapitel 8). In diesem Prozess wird die Buchung des Verbrauchs der Beistellkomponenten unabhängig von der Wareneingangsbuchung des Kopfmaterials der Lohnbearbeitung durchgeführt. Der Beistellkomponentenverbrauch wird entweder durch den Lohnbearbeiter oder durch den Auftraggeber selbst gebucht. Diese unabhängig vom Kopfmaterial gebuchten Beistellkomponentenverbräuche werden in der Komponentenverbrauchshistorie aufgezeigt. Die Kosten des Komponentenverbrauchs werden zum CO-Auftrag verbucht.

Vorzugweise setzen Sie dieses Feld, wenn Sie auch die SAP-Komponente *Supply Network Collaboration (SAP SNC)* im Einsatz haben.

### 1.6.3 Automatische Bezugsquellenfindung – neues Feld in S/4HANA

Haben Sie das Feld AUT.BQF für die *automatische Bezugsquellenfindung* angehakt, wird der Infosatz im MRP berücksichtigt sowie die Bezugsquelle, also der Lieferant aus dem Infosatz, gefunden und der Banf zugeordnet.

Ist für mehrere Infosätze zum Material das Feld AUT.BQF gepflegt, werden die Infosätze und damit die Bezugsquellen im MRP nach einer bestimmten Reihenfolge gefunden (siehe dazu Abschnitt 1.9).

Sinnvoll ist es, nur einen Infosatz zum Material mit der automatischen Bezugsquellenfindung zu versehen.

Im Vergleich zum SAP ECC lässt sich mit diesem neuen Feld in SAP S/4HANA die Pflege des Orderbuchs einsparen.

**☛ Zuordnung der Bezugsquelle zur Banf bzw. Bestellung**

Die automatische Zuordnung der Bezugsquelle zur Banf bzw. Bestellung wird erzeugt:

- **bei einer Bezugsquelle** (demnach bei einem Infosatz) durch die Pflege des Feldes AUT.BQF (automatische Bezugsquellenfindung) in der Sicht EINKAUFSORGANISATIONSDATEN 1 im Infosatz,
- **bei mehreren Bezugsquellen** (also mehreren Infosätzen) durch den Eintrag im Orderbuch und das Setzen des Kennzeichens DISPOSITION = 1, was bedeutet, dass der Infosatz für die Disposition relevant ist.

## 1.7 Orderbuch

In SAP ECC wurde im Orderbuch der Lieferant fixiert, dessen Lieferplan, Kontrakt oder Infosatz als Bezugsquelle zum Material gefunden werden sollte.

In SAP S/4HANA kann ein Orderbuch gepflegt werden, notwendig ist es jedoch nicht, denn Lieferplan, Kontrakt und Infosatz werden im MRP nun auch ohne Eintrag im Orderbuch gefunden.

Die Pflege eines Orderbuchs ist dann sinnvoll, wenn die Bezugsquelle im MRP in einem bestimmten Zeitraum bevorzugt oder gesperrt werden soll.

## 1.8 Quotierung

Quotierungen können Sie verwenden, wenn zum Material mehrere Bezugsquellen vorhanden und gleichzeitig gültig sind. In der *Quotierung* werden die Bezugsquellen priorisiert.

In SAP ECC wurde die Quotierung nur dann im MRP gefunden, wenn im Materialstamm das Feld für die Quotierungsverwendung (MARC-USEQU) gepflegt war. Das Feld ist im Materialstamm in SAP S/4HANA nicht mehr vorhanden. Die Quotierungsposition wird nun auch ohne dieses Feld gefunden.

Sie können in der Quotierungsposition eine Fertigungsversion hinterlegen, jedoch hat die Fertigungsversion aus dem Infosatz eine höhere Priorität.

## 1.9 Bezugsquellenfindung

Die Bezugsquellenfindung in SAP S/4HANA wird schrittweise nach folgenden Prioritäten durchgeführt:

1. Die in der Quotierung zugeordnete Bezugsquelle wird gefunden.

2. Die im Orderbuch zugeordnete Bezugsquelle wird gefunden.

3. Die im Lieferplan zugeordnete Bezugsquelle wird gefunden.

   Existieren mehrere gültige Lieferpläne, erfolgt auch hier eine Priorisierung:

   - Lieferplan mit Werksbezug
   - Lieferplan mit aktivem Abrufbeleg (LPHIS = X)
   - Lieferplan mit kleinerer Einkaufsbelegnummer (EBELN)
   - Lieferplan mit kleinerer Positionsnummer (EBELP)

4. Die im Kontrakt vorhandene Bezugsquelle wird gefunden.

   Wiederum erfolgt eine weitere Priorisierung, wenn mehrere gültige Kontrakte vorhanden sind:

   - Kontrakt mit Werksbezug
   - Kontrakt mit kleinerer Einkaufsbelegnummer (EBELN)
   - Kontrakt mit kleinerer Positionsnummer (EBELP)

5. Die Bezugsquelle, die sich im Infosatz mit dem Kennzeichen AUTOMATISCHE BEZUGSQUELLENFINDUNG befindet, wird ermittelt.

   Existieren mehrere gültige Infosätze, wird wie folgt priorisiert:

   - Infosatz mit Werksbezug
   - Infosatz mit der kleinsten Lieferantennummer
   - Infosatz mit der kleinsten Einkaufsorganisation
   - Infosatz mit der kleinsten Einkäufergruppe

Detailinformationen für alle externen Bezugsquellen zum Material finden Sie in der View *CDS_M_PUR_SOS_B* mit der Transaktion *SE16N*.

## 1.10 Zusammenfassung

Abschließend möchte ich Ihnen noch einmal die notwendigen Stammdaten für das Kopfmaterial und die Beistellkomponenten aufführen:

**Kopfmaterial:**

- SOBSL 30 im Materialstamm
- Stückliste mit Beistellkomponenten
- Fertigungsversion mit zugeordneter Stückliste
- Infosatz zum Lohnbearbeiter

**Beistellkomponenten:**

- Dispobereiche zugeordnet im Materialstamm

# 2 Lohnbearbeitung mit Umlagerung aus dem Werk

**Steigen wir nun in die praktische Umsetzung ein und betrachten als Erstes die Lohnbearbeitung mit Lieferung der Beistellkomponenten aus dem Werk an den Lohnbearbeiter.**

Abbildung 2.1 zeigt die schematische Darstellung zu diesem Prozess.

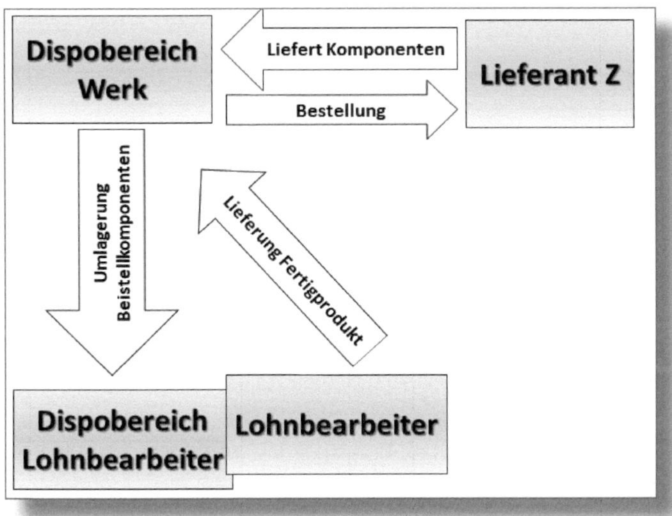


*Abbildung 2.1: Lohnbearbeitung mit Umlagerung aus dem Werk*

## 2.1 Voraussetzung »Stammdaten«

Es wurde eine Stückliste angelegt, die zwei Beistellkomponenten enthält; eine dieser Komponenten wird fremdbeschafft, die andere wird eigengefertigt.

Beiden Beistellkomponenten ist im Materialstamm der Dispobereich zum Lohnbearbeiter zugeordnet, der SOBSL im Dispobereich wurde mit *45 = Umlagerung aus dem Werk* gepflegt.

Die Fertigungsversion des Kopfmaterials und die automatische Bezugsquellenfindung sind im Infosatz zum Lieferanten hinterlegt (siehe auch Abschnitt 1.6).

## 2.2 Voraussetzung »Customizing«

Der Dispobereich zum Lohnbearbeiter wurde bereits angelegt (siehe Abschnitt 1.3.5).

## 2.3 Prozessablauf

### 2.3.1 Bedarf zum Kopfmaterial

Zum Kopfmaterial wurde ein Bedarf generiert. In diesem Fall handelt es sich um einen Vorplanungsbedarf (PRIBED) von *2.000 Stück*. Es könnten aber auch andere Bedarfe wie Auftragsreservierungen oder Kundenaufträge sein.

Der MRP-Lauf deckt diesen Bedarf in der Transaktion *MD04* mit einer *Lohnbearbeitungsbestellanforderung* (*LB-Banf*) von 2.000 Stück bzw. später mit einer *Lohnbearbeitungsbestellung* (*LB-Best*) (siehe Abbildung 2.2). Diese Bedarfsdeckung erfolgt aufgrund des Beschaffungskennzeichens *F* und des SOBSL *30* im Materialstamm des Kopfmaterials (siehe Abbildung 1.1).

Die Fertigungsversion und die Bezugsquelle wurden anhand der Einstellungen im Infosatz ermittelt (siehe Abschnitt 1.6).

Ein besonderes Augenmerk sollten Sie auf die Spalte START/FREIGABETERMIN werfen, die das Datum enthält, an dem die Banf spätestens in eine Bestellung umgesetzt werden muss, um den Bedarfstermin decken zu können.

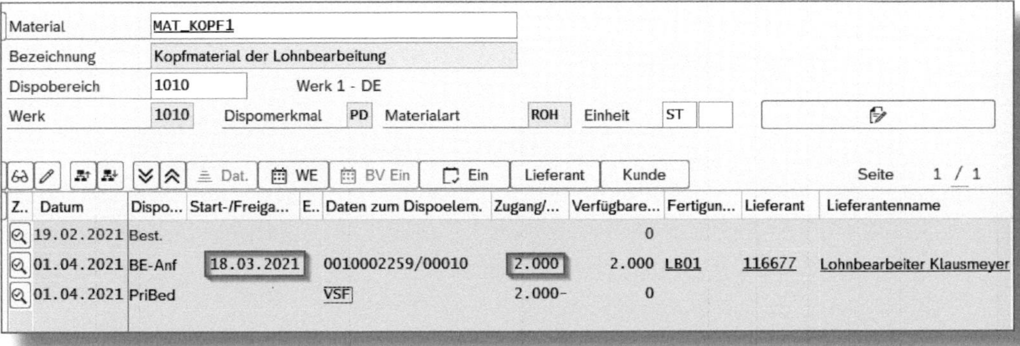


*Abbildung 2.2: Aktuelle Bedarfs- und Bestandsliste – Kopfmaterial*

Der START/FREIGABETERMIN wird mithilfe der Rückwärtsterminierung ab Bedarfstermin errechnet. Die *Planlieferzeit* aus dem Infosatz oder, wenn dieser nicht vorhanden ist, die Planlieferzeit aus dem Materialstamm, wird vom Bedarfstermin ausgehend abgezogen. Zudem werden die WARENEINGANGSBEARBEITUNGSZEIT aus dem Materialstamm und die BEARBEITUNGSZEIT IM EINKAUF aus dem Customizing (siehe hierzu Abschnitt 13.7) in die Berechnung einbezogen.

Kurz gesagt:

```
Start/Freigabetermin = Bedarfstermin - Planlieferzeit -
Wareneingangsbearbeitungszeit - Bearbeitungszeit im Einkauf
```

Die Spalte START/FREIGABETERMIN erscheint nur in der *MD04*, wenn diese mit etwas Fingerspitzengefühl eingeblendet wird. Hierfür müssen Sie den Cursor zwischen den beiden Spalten DISPOELEMENT und SPALTEN ZUM DISPOELEMENT positionieren und so lange ganz vorsichtig bewegen, bis sich zwei kleine parallele Linien im Cursorsymbol zeigen Dispo... Daten zum D.

Die LB-Banf-Position hat aufgrund des *SOBSL 30* im Materialstamm des Kopfmaterials den POSITIONSTYP »L« erhalten (siehe Abbildung 2.3).

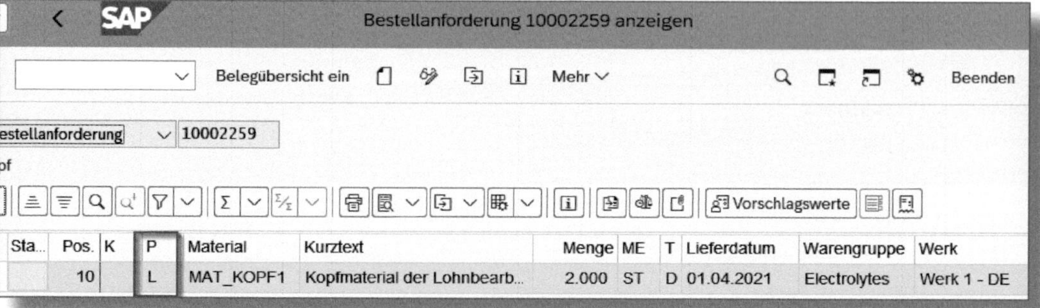


*Abbildung 2.3: Banf – Positionsübersicht*

Der Positionstyp »L« kennzeichnet die LB-Banf-Position als Position der Lohnbearbeitung, zu der auch unsere Beistellkomponenten gehören.

Im Positionsdetail können Sie auf dem Reiter Materialdaten mit Klick auf den Button Komponenten die Beistellkomponenten zur Anzeige bringen. Diese wurden durch die Auflösung der Stücklistenalternative, die in der Fertigungsversion im Infosatz des Kopfmaterials hinterlegt ist, gefunden (siehe Abbildung 2.4).

Sollte im Infosatz keine Fertigungsversion angegeben sein, wird die Stückliste der ersten zum Kopfmaterial zugeordneten Fertigungsversion aufgelöst.

Komponentenbearbeitung: Komponentenübersicht

Abbrechen Mehr

terial MAT_KOPF1
Kopfmaterial der Lohnbearbeitung
rk 1010 Freigabedatum 18.03.2021
nge 2.000,000 Lieferdatum 01.04.2021 Bestandssegme
Komponentenübersicht Merkm2

| Material | Bezeichnung | Bedarfsmenge | E... | Werk | Bedarfssegm |
|---|---|---|---|---|---|
| MAT_BEIST2 | Komponentenmaterial der Lohn... | 2.000 | ST | 1010 | |
| MAT_BEIST7 | Komponentenmaterial der Lohn... | 2.000 | ST | 1010 | |

*Abbildung 2.4: Übersicht der Beistellkomponenten*

## 2.3.2 MRP-Lauf – Stücklistenauflösung

Und welche Auswirkungen hat der MRP-Lauf auf die Beistellkomponenten? Betrachten wir dazu die aktuelle Bedarfs- und Bestandsliste der Beistellkomponenten, Transaktion *MD04*, im Dispobereich des Lohnbearbeiters und im Werksdispobereich.

Die LB-Banf-Position übergibt den Bedarf des Kopfmaterials an die Beistellkomponenten in den Dispobereich des Lohnbearbeiters.

In Abbildung 2.5 werden die Bedarfs- und Bestandslisten zum einen für den Dispobereich des Lohnbearbeiters und zum anderen für den Werksdispobereich der **Beistellkomponente 1** gezeigt.

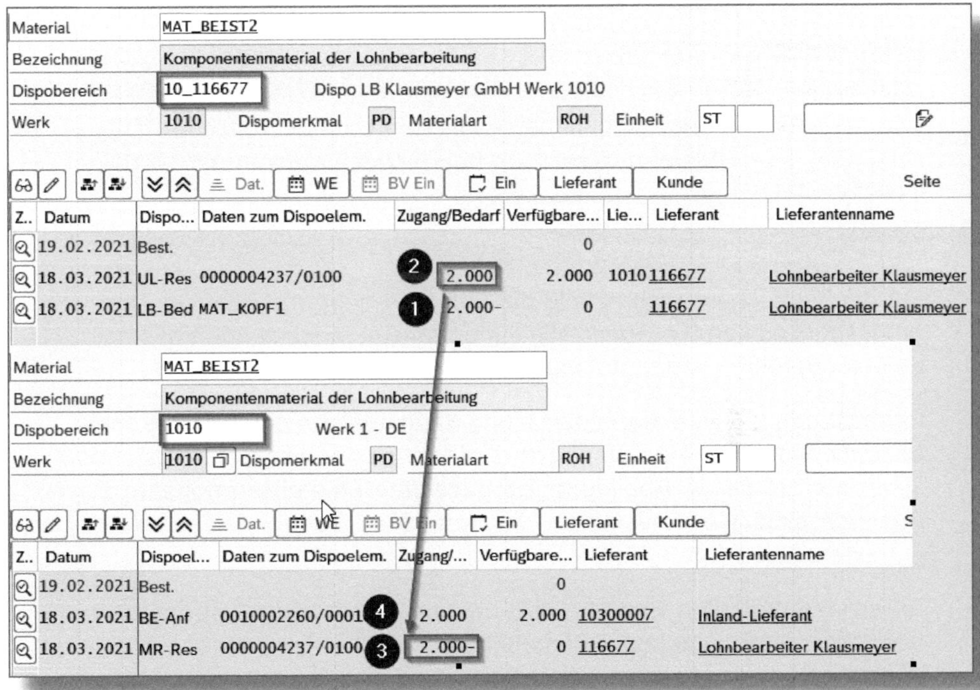


*Abbildung 2.5: Bedarfs- und Bestandsliste der Beistellkomponente 1 mit Fremdbeschaffung*

Es entstehen

**im Dispobereich des Lieferanten:**

❶ LB-BED = Beistellbedarf, der der Beistellkomponente aus der LB-Banf-Position des Kopfmaterials zugewiesen ist,

❷ UL-RES = Umlagerungsreservierung, mit der der LB-Bed gedeckt werden soll;

**im Werksdispobereich:**

❸ MR-RES = Reservierung; die UL-Res aus dem Dispobereich des Lieferanten wird als MR-Res im Werk dargestellt. Es wurde eine Reservierungsnummer vergeben.

❹ BE-ANF = Bestellanforderung, die die MR-Res decken soll.

**Bezeichnung der Dispoelemente**

Bezeichnungen der Dispoelemente wie LB-Bed = Bestellbedarf finden Sie, indem Sie den Cursor auf das Dispoelement in der MD04 stellen und die [F1]-Taste drücken.

Für die Beistellkomponente, die der Eigenfertigung mit dem Beschaffungskennzeichen *E = Eigenfertigung* unterliegt, müssen ebenfalls beide Dispobereiche betrachtet werden.

In Abbildung 2.6 wird die Bedarfs- und Bestandsliste der **Beistellkomponente 2** gezeigt. Hier erscheint die Disposition sehr viel übersichtlicher als bei der in Abbildung 2.5 gezeigten Beistellkomponente 1. Dennoch sind alle notwendigen Informationen für den Disponenten enthalten.

Die beiden aktuellen Bedarfs- und Bestandslisten zum Dispobereich des Lieferanten und zum Dispobereich des Werks werden in der WERKSÜBERSICHT zusammengefasst und damit nur noch in einer Tabelle dargestellt. Zudem wurde ein Bestandsabschnitt (siehe umrahmte LBBEST in Abbildung 2.6), für den Dispobereich des Lohnbearbeiters eingezogen. Dieser Bestandsabschnitt erinnert zwar sehr an SAP ECC, doch der Einzug des Bestandsabschnitts in der MD04 in SAP

S/4HANA ist nur möglich, wenn im Customizing der Dispobereich für den Lohnbearbeiter angelegt und der Beistellkomponente zugeordnet worden ist.

Es entstehen:

❶ LB-BED = Beistellbedarf, der der Beistellkomponente aus der LB-Banf-Position des Kopfmaterials zugewiesen ist.

❷ UL-RES = die Umlagerungsreservierung ist aufgrund einer Filtereinstellung (siehe dazu Abschnitt 13.6.3) ausgeblendet (die Markierung ❷ bezieht sich auf Abbildung 2.5).

❸ MR-RES = Reservierung; die UL-Res aus dem Dispobereich des Lieferanten wird als MR-Res im Werk dargestellt. Es wurde eine Reservierungsnummer vergeben.

❹ PL-AUF = der Planauftrag und später der Fertigungsauftrag sollen den Bedarf der ausgeblendeten MR-Res decken.

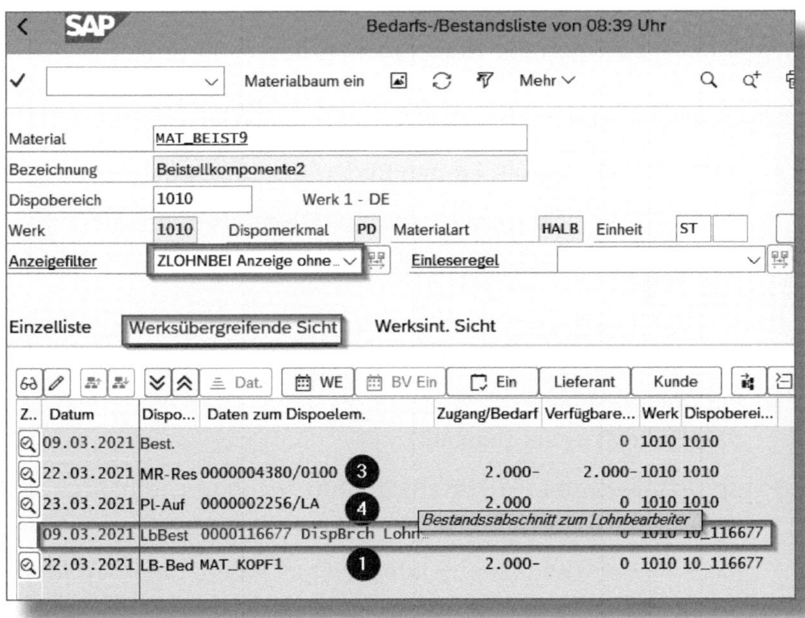


*Abbildung 2.6: Bestands- und Bedarfsliste der Beistellkomponente 1 mit zusammengefasster Werkssicht*

Damit Sie die aktuelle Bedarfs- und Bestandliste für die Dispobereiche zusammengefasst darstellen können, müssen zum einen Einstellungen im Customizing für die werksübergreifende Sicht und den Filter, zum anderen aber auch in der MD04 selbst für die Materialgruppierungen vorgenommen werden. Die entsprechenden Anleitungen entnehmen Sie den Abschnitten 13.6.1 und 13.6.2.

Welche Art der Darstellung in der *MD04* in Ihrem Unternehmen genutzt wird, bleibt einzig die Entscheidung des Disponenten bzw. Einkäufers. In den nachfolgenden Abschnitten nutze ich die zusammengefasste Darstellung der *MD04*.

### 2.3.3 Terminierung des Beistellbedarfs

Für die Beistellkomponenten 1 und 2 konnte jeweils ein Wareneingang durch Zukauf und Eigenfertigung verbucht werden. Damit ist nun Bestand für beide Komponenten im Werk 1010 vorhanden. Diesen Bestand gilt es nun an den Lohnbearbeiter zu versenden, damit er rechtzeitig mit der Produktion des Kopfmaterials beginnen kann.

Werfen wir einen kurzen Blick auf die Terminierung (siehe Abbildung 2.7):

- 01.04.2021 – Termin für den Bedarf des Kopfmaterials
- 22.03.2021 – die Beistellkomponente muss spätestens beim Lohnbearbeiter angekommen sein

Der Bedarfstermin der Beistellkomponente im Dispobereich des Lohnbearbeiters wird beeinflusst durch:

- die Planlieferzeit in Kalendertagen im Infosatz des Kopfmaterials (betrifft unser Beispiel),
- die Planlieferzeit im Materialstamm, wenn der Infosatz nicht gefunden wurde,
- die Wareneingangsbearbeitungszeit in Arbeitstagen im Materialstamm,

- die Bearbeitungszeit im Einkauf, die benötigt wird, um eine Banf in eine Bestellung umzuwandeln.
  Da diese Zeit nur im Customizing sichtbar ist, ist sie schwer nachvollziehbar. Eine Erklärung zur Einstellung der Bearbeitungszeit im Einkauf finden Sie in Abschnitt 13.7.

In unserem Bespiel werden exakt 10 Kalendertage aus der Planlieferzeit des Infosatzes zur Berechnung des Bedarfstermins beim Lohnbearbeiter einbezogen. Die anderen möglichen Zeiten, wie die Wareneingangsbearbeitungszeit im Materialstamm, sind in unserem Beispiel zur besseren Nachvollziehbarkeit nicht gepflegt.

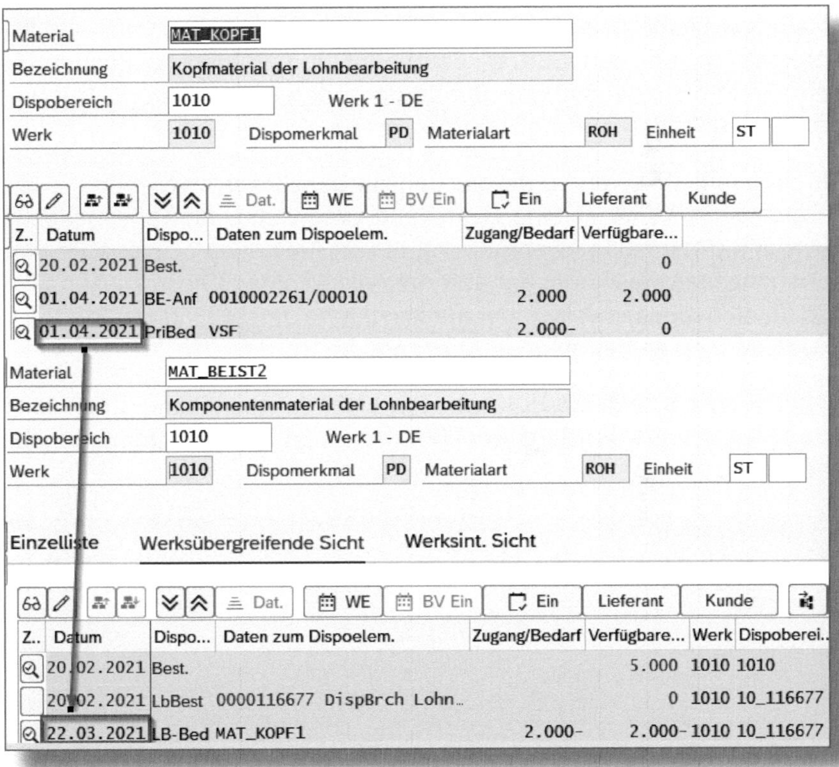


*Abbildung 2.7: MD04 – Kopfmaterial und Beistellkomponente aus Sicht der Terminierung*

### 2.3.4 Bestellung zum Lohnbearbeiter

Die Banf zum Kopfmaterial wird in eine Bestellung umgesetzt. Damit einhergehend erhält der Lohnbearbeiter seinen Kundenauftrag.

Der späteste Termin für diese Umsetzung muss in unserem Beispiel der 22.03.2021 sein, da im Infosatz des Kopfmaterials eine Planlieferzeit von 10 Kalendertagen hinterlegt ist. Somit ergibt sich:

Bedarfstermin 01.04.2021 abzüglich 10 Kalendertage = der Termin, an dem der Lohnbearbeiter spätestens seinen Auftrag erhalten muss, um die vereinbarte Lieferzeit einhalten zu können.

Natürlich bleibt zu hoffen, dass der Lohnbearbeiter ausreichend Kapazität hat, um den Auftrag überhaupt durchführen zu können. Es empfiehlt sich, bei sicherer Bedarfslage den Lieferanten so früh wie möglich über den Auftrag zu informieren.

In unserem Beispiel wurde die Banf in der Einzelverarbeitung in der Transaktion *MD04* in eine Bestellung umgesetzt. Im Tagesgeschäft wird die Umsetzung, eventuell mit einem Freigabeprozess, aber dennoch massenweise oder gar automatisch erfolgen. Die Vorgehensweise für eine massenweise oder automatische Umsetzung von Banfen in Bestellungen entnehmen Sie Abschnitt 13.10.

Abbildung 2.8 zeigt die Positionsübersicht der Bestellung. Der POSITIONSTYP *L* ist aus der Banf, der NETTOPREIS ist aus dem Infosatz übernommen.

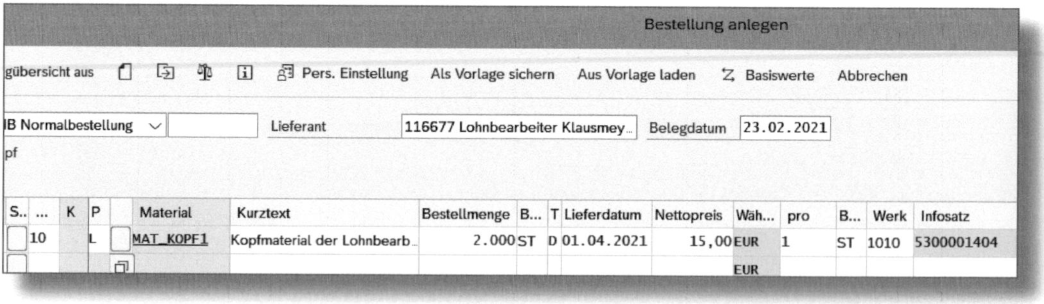

Bestellung anlegen

gübersicht aus    Pers. Einstellung    Als Vorlage sichern    Aus Vorlage laden    Basiswerte    Abbrechen

IB Normalbestellung    Lieferant    116677 Lohnbearbeiter Klausmey...    Belegdatum    23.02.2021

pf

| S.. | ... | K | P | | Material | Kurztext | Bestellmenge | B... | T | Lieferdatum | Nettopreis | Wäh... | pro | B... | Werk | Infosatz |
|---|---|---|---|---|---|---|---|---|---|---|---|---|---|---|---|---|
| | 10 | | L | | MAT_KOPF1 | Kopfmaterial der Lohnbearb... | 2.000 | ST | D | 01.04.2021 | 15,00 | EUR | 1 | ST | 1010 | 5300001404 |
| | | | | | | | | | | | | EUR | | | | |

*Abbildung 2.8: Bestellung – Positionsübersicht*

**! Nettopreis nur für die Dienstleistung**

Der Nettopreis umfasst nur die Dienstleistung der Lohnbearbeitung, nicht aber den Materialpreis der Beistellkomponenten.

Durch die Umsetzung der Banf des Kopfmaterials in eine Bestellung hat sich an der Bedarfssituation der Beistellkomponenten nichts verändert.

In der Bestellung wie auch in der Banf wird die Stücklistenalternative des Kopfmaterials entsprechend der Fertigungsversion aus dem Infosatz aufgelöst.

### 2.3.5 Lohnbearbeitungs-Cockpit

Für die Erledigung der Lohnbearbeitungsprozesse bietet sich die Transaktion *ME2ON*, das *Lohnbearbeitungs-Cockpit (LB-Cockpit)*, an. Dieses finden Sie im Pfad des SAP-Menübaums unter

LOGISTIK • MATERIALWIRTSCHAFT • EINKAUF • BESTELLUNG • AUSWERTUNGEN • LOHNBEARBEITUNGS-COCKPIT.

Das LB-Cockpit bietet folgende Funktionen:

- LB-Bestandsüberwachung zum Lieferanten
- Versand der Beistellkomponenten zum Lieferanten mittels
  - Lieferung mit Lieferschein
  - Warenausgang mit Materialbegleitschein
  - Zweischrittverfahren mit Transferkontrolle
- zentrale Bearbeitung von Dokumenten wie
  - Bestellungen
  - Bestellanforderungen
  - Auslieferungen mit offenem Warenausgang

- Reservierungen
- Streckenlieferungen

Im Selektionsbild des LB-Cockpits finden Sie selbsterklärende Selektionsfelder (siehe Abbildung 2.9).

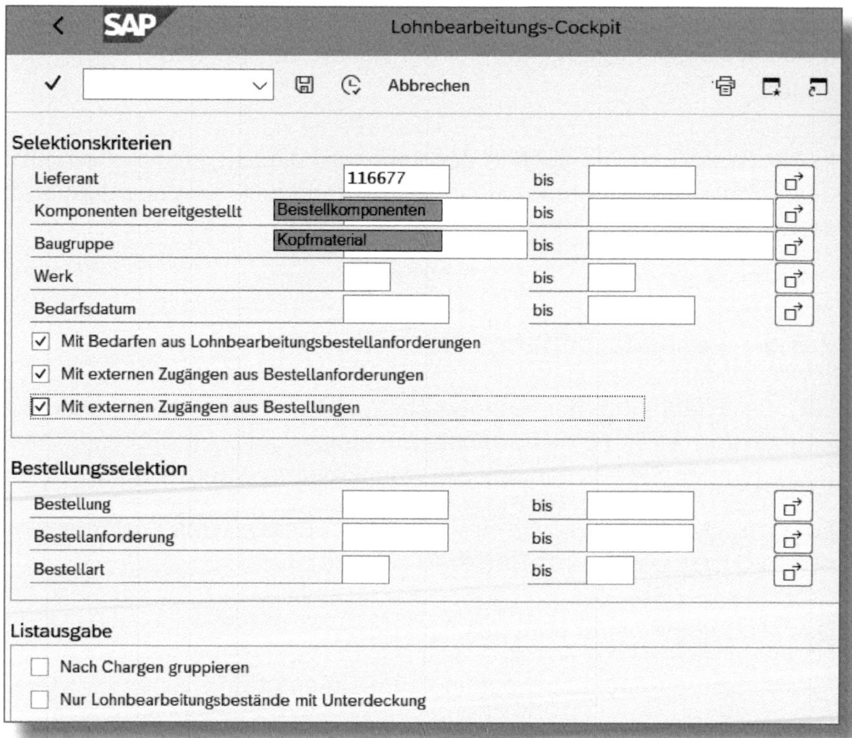


*Abbildung 2.9: Selektionsbild des LB-Cockpits*

Mit der Selektion BAUGRUPPE suchen Sie die Beistellkomponenten zu einem oder mehreren bestimmten Kopfmaterialien. Der Haken bei NUR LOHNBEARBEITUNGSBESTÄNDE MIT UNTERDECKUNG bewirkt, dass die Beistellkomponenten herausgefiltert werden, die genügend Bestand und geplante Zugänge haben, um den Bedarf im LB-Bestand zur richtigen Zeit zu decken.

In Abbildung 2.10 ist die Ergebnisliste des LB Cockpits zu sehen. Für diese Liste muss vor der ersten Anwendung unbedingt eine sinnvolle Spaltenreihenfolge festgelegt werden. Dazu nutzen Sie die Funktionen der Variantengestaltung .

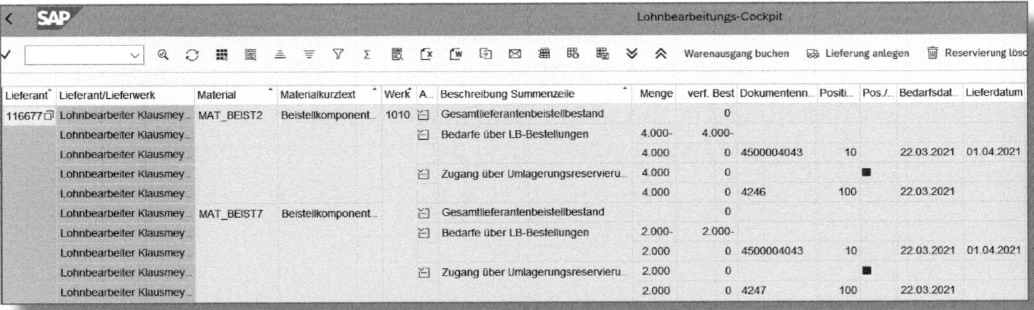


| Lieferant | Lieferant/Lieferwerk | Material | Materialkurztext | Werk | A... | Beschreibung Summenzeile | Menge | verf. Best | Dokumentenn... | Positi... | Pos./... | Bedarfsdat... | Lieferdatum |
|---|---|---|---|---|---|---|---|---|---|---|---|---|---|
| 116677 | Lohnbearbeiter Klausmey... | MAT_BEIST2 | Beistellkomponent... | 1010 | | Gesamtlieferantenbeistellbestand | | 0 | | | | | |
| | Lohnbearbeiter Klausmey... | | | | | Bedarfe über LB-Bestellungen | 4.000- | 4.000- | | | | | |
| | Lohnbearbeiter Klausmey... | | | | | | 4.000 | 0 | 4500004043 | 10 | | 22.03.2021 | 01.04.2021 |
| | Lohnbearbeiter Klausmey... | | | | | Zugang über Umlagerungsreservieru... | 4.000 | 0 | | | ■ | | |
| | Lohnbearbeiter Klausmey... | | | | | | 4.000 | 0 | 4246 | 100 | | 22.03.2021 | |
| | Lohnbearbeiter Klausmey... | MAT_BEIST7 | Beistellkomponent... | | | Gesamtlieferantenbeistellbestand | | 0 | | | | | |
| | Lohnbearbeiter Klausmey... | | | | | Bedarfe über LB-Bestellungen | 2.000- | 2.000- | | | | | |
| | Lohnbearbeiter Klausmey... | | | | | | 2.000 | 0 | 4500004043 | 10 | | 22.03.2021 | 01.04.2021 |
| | Lohnbearbeiter Klausmey... | | | | | Zugang über Umlagerungsreservieru... | 2.000 | 0 | | | ■ | | |
| | Lohnbearbeiter Klausmey... | | | | | | 2.000 | 0 | 4247 | 100 | | 22.03.2021 | |

*Abbildung 2.10: Ergebnisliste zum Lohnbearbeiter*

Beim Aufruf der Ergebnisliste werden die Zeilen zumeist verdeckt dargestellt. Der Button  ermöglicht das Aufklappen aller Zeilen.

Zur besseren Lesbarkeit der Ergebnisliste finden Sie nachfolgend einige Erklärungen:

1. spaltenweise

   - LIEFERANT = Lohnbearbeiter
   - MATERIAL = Materialnummer der Beistellkomponente
   - AUF/ZU = verdeckte Zeilen (Spalte A ...)
   - MENGE = Menge zur jeweiligen Beschreibung der Summenzeile
   - VERF. BEST. = Bestand zur jeweiligen Zeilenerklärung
   - DOKUMENTENNUMMER = Nummer der Bestellung oder der Umlagerungsreservierung
   - POSITION = Position zur Dokumentennummer
   - POSITIV/NEGATIV = Kennzeichen, ob der Bedarf rechtzeitig gedeckt wird

2. zeilenweise

    - Gesamtlieferantenbeistellbestand = Bestand, der im Dispobereich und damit auch vor Ort beim Lohnbearbeiter liegt
    - Bedarfe über LB-Bestellungen = Bedarf im Dispobereich des Lieferanten, der aus Banfen/Bestellungen des Kopfmaterials im Werk erzeugt worden ist
    - Zugang über Umlagerungsreservierungen = Menge, die durch Umlagerung vom Werk in den Dispobereich umgebucht wird

# 3 Streckenabwicklung

**In diesem Kapitel zeige ich Ihnen den Prozess der Streckenabwicklung, die besonderen Einstellungen in der Kundenauftragsposition und die Bereitstellung der Beistellkomponenten für den Lohnbearbeiter.**

Unter der *Streckenabwicklung* verstehen wir, dass ein Verkaufsmaterial aus der Kundenauftragsposition vom Lohnbearbeiter produziert und direkt an den Kunden versandt wird. Zu diesem Zweck wird automatisch aus der Kundenauftragsposition eine Bestellanforderung für den Lohnbearbeiter mit Beistellkomponenten und der Anlieferadresse des Kunden erzeugt. Die Beistellkomponenten werden über das Lohnbearbeitungs-Cockpit an den Lohnbearbeiter versandt. Der Lohnbearbeiter führt die Dienstleistung aus, versendet an den Kunden und verrechnet an den Besteller. Der Besteller wiederum fakturiert an den Kunden.

Die schematische Darstellung zu diesem Prozess zeigt Abbildung 3.1.

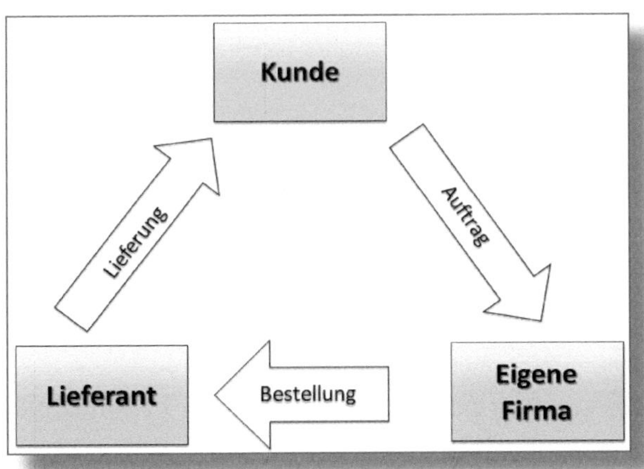


*Abbildung 3.1: Streckenabwicklung*

## 3.1 Voraussetzung »Stammdaten«

Um den Prozess abwickeln zu können, pflegen Sie die POSITIONSTYPENGRUPPE *BADS = Lohnbearbeitung mit Direktversand* für das Kopfmaterial im Materialstamm auf dem Reiter Vertrieb: VerkOrg 2 .

Zudem ist es von Vorteil, einen LB-Infosatz anzulegen, um die automatische Bezugsquellenfindung bei der automatischen Anlage der Banf zu ermöglichen.

## 3.2 Voraussetzung »Customizing«

Auch im Customizing des Vertriebs sind Einstellungen durchzuführen, und zwar für

- den Positionstyp im Kundenauftrag,
- die Positionstypengruppe im Materialstamm,
- den Einteilungstyp.

### 3.2.1 Positionstyp

In der Standardauslieferung sollte der POSITIONSTYP *TADS = Lohnbearbeitung mit Direktversand* vorhanden sein. Ist dies nicht der Fall, legen Sie einen eigenen Positionstyp an, dessen Schlüssel mit dem Buchstaben *Z* beginnen muss. Dabei ist die Nutzung eines schon vorhandenen Positionstyps als Kopiervorlage empfehlenswert, da alle Zuordnungen zum Positionstyp mitkopiert werden. Hier empfiehlt es sich, den POSITIONSTYP *TAS = Streckenposition* als Kopiervorlage zu verwenden.

Die notwendigen Ausprägungen des Positionstyps sind in Abbildung 3.2 dargestellt.

Die Einstellungen finden Sie im Customizing-Pfad

SPRO • VERTRIEB • VERKAUF • VERKAUFSBELEGE • VERKAUFSBELEGPOSITION • POSITIONSTYPEN DEFINIEREN.

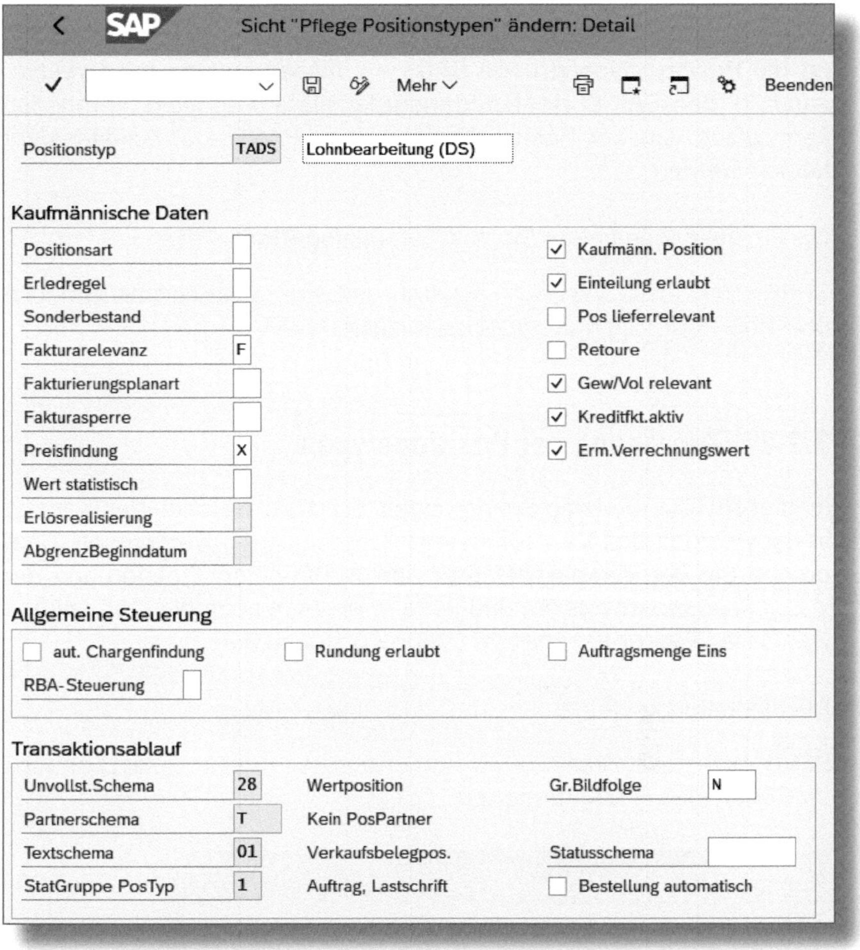

*Abbildung 3.2: Lohnbearbeitung – Direktversand*

### 3.2.2 Positionstypengruppen

Die *Positionstypengruppe* stellen Sie im Customizing ein und hinterlegen diese anschließend im Materialstamm. Anhand der Positionstypengruppe wird der Positionstyp im Verkaufsbeleg gefunden.

Ist die Positionstypengruppe *BADS = Lohnbearbeitung mit Direktversand* in der SAP-S/4HANA-Standardauslieferung nicht vorhanden, kann diese von der Positionstypengruppe *BANS = Streckenposition* kopiert werden.

Die Einstellungen finden Sie im Customizing-Pfad

SPRO • VERTRIEB • VERKAUF • VERKAUFSBELEGE • VERKAUFSBELEGPOSITION • POSITIONSTYPENGRUPPEN DEFINIEREN.

### 3.2.3 Zuordnung der Positionstypen

In diesem Customizing-Schritt legen Sie fest, welcher Positionstyp in der Position des Verkaufsbelegs vorgeschlagen werden soll. Dazu ordnen Sie der Verkaufsbelegart und der Positionstypengruppe den VORSCHLAGSPOSITIONSTYP und je nach Wunsch auch die manuell auswählbaren POSITIONSTYPEN zu (siehe Abbildung 3.3).

Die Einstellungen finden Sie im Customizing-Pfad

SPRO • VERTRIEB • VERKAUF • VERKAUFSBELEGE • VERKAUFSBELEGPOSITION • POSITIONSTYPEN ZUORDNEN.

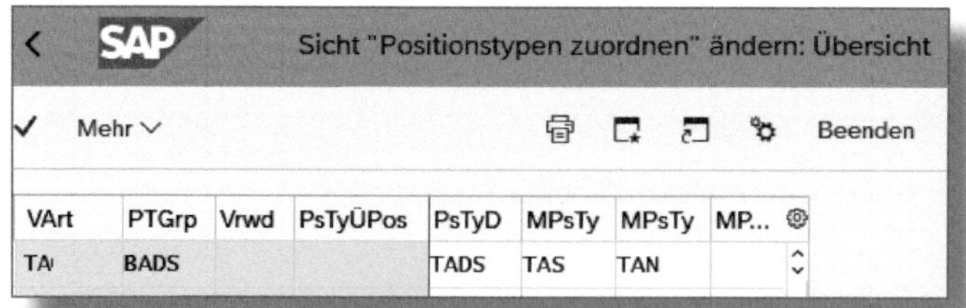


*Abbildung 3.3: Zuordnung der Positionstypengruppe*

### 3.2.4 Einteilungstyp definieren

Eine *Einteilung* ist die Unterteilung einer Position in Termin und Menge. Die Gesamtmenge einer Position kann in mehreren Einteilungen abgedeckt werden.

Für die Streckenabwicklung ist der EINTEILUNGSTYP *DS = Lohnbearbeitung Direktversand* vorgesehen. Fehlt dieser in der Standardauslieferung, kann der EINTEILUNGSTYP *CS = Streckenabwicklung* kopiert werden.

Der Einteilungstyp enthält die Vorgaben für die automatische Generierung der Banf, wie die BESTELLART, den POSITIONS- und den KONTIERUNGSTYP (siehe Abbildung 3.4).

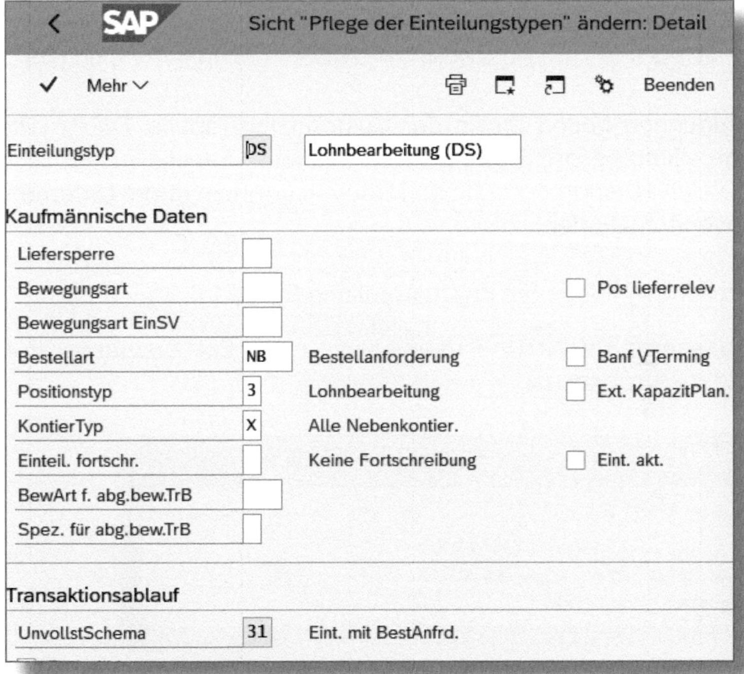


*Abbildung 3.4: Definition des Einteilungstyps*

Lesen Sie hierzu auch die ausführliche [F1]-Hilfe im Customizing-Schritt »Einteilungstyp«.

Die Einstellungen finden Sie im Customizing-Pfad

SPRO • VERTRIEB • VERKAUF • VERKAUFSBELEGE • EINTEILUNGEN • EINTEILUNGSTYPEN DEFINIEREN.

## 3.2.5 Einteilungstyp zuordnen

In diesem Customizing-Schritt wird der Einteilungstyp dem Positionstyp des Kundenauftrags zugeordnet, und zwar in Abhängigkeit vom Dispomerkmal im Materialstamm.

Abbildung 3.5 zeigt die Zuordnung des EINTEILUNGSTYPS *DS* zum DISPOMERKMAL *PD* und zum POSITIONSTYP *TADS = Lohnbearbeitung (DS)*.

Die Zuordnungen finden Sie in der Customizing-Tabelle *TVEPZ*. Die Anzahl der Einträge pro POSITIONSTYP in dieser Tabelle richtet sich danach, welche Dispomerkmale im Materialstamm in Ihrem Unternehmen Verwendung finden.

Die Einstellungen finden Sie im Customizing-Pfad

SPRO • VERTRIEB • VERKAUF • VERKAUFSBELEGE • EINTEILUNGEN • EINTEILUNGSTYPEN ZUORDNEN.

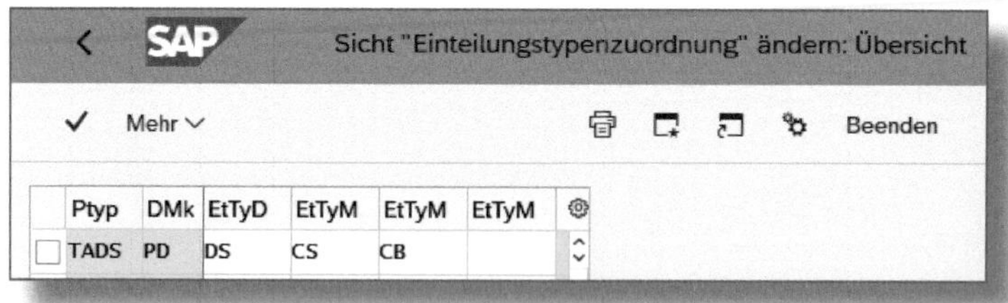


| Ptyp | DMk | EtTyD | EtTyM | EtTyM | EtTyM |
|---|---|---|---|---|---|
| TADS | PD | DS | CS | CB | |

*Abbildung 3.5: Zuordnung des Einteilungstyps zum Positionstyp*

## 3.3 Prozessablauf

### 3.3.1 Anlage des Kundenauftrags

Einen Kundenauftrag legen Sie mit der Transaktion *VA01* an. Im Einstiegsbild der Transaktion pflegen Sie die KUNDENAUFTRAGSART, die VERKAUFSORGANISATION, den VERTRIEBSWEG und die SPARTE.

In der Übersicht der Kundenauftragspositionsdaten geben Sie die MATERIALNUMMER, die MENGE und das WERK ein. Die Eingabe des Werks ist für die automatische Erzeugung der Banf für den Lohnbearbeiter notwendig.

Sie können mehrere Kundenauftragspositionen pflegen, auch Positionen, die nicht vom Lohnbearbeiter direkt an den Kunden verschickt werden sollen. Der Positionstyp je Kundenauftragsposition steuert die logistische Abwicklung und wird anhand der Positionstypengruppe im Materialstamm gefunden. So wird beispielsweise der POSITIONSTYP *TADS = Lohnbearbeitung Direktversand* in der Kundenauftragsposition durch die POSITIONSTYPENGRUPPE *BADS = Lohnbearbeitung Direktversand* im Materialstamm ermittelt.

Sie bestätigen Ihre Eingaben mit [Enter]. Daraufhin erscheint ein Popup mit den notwendigen Daten zur Generierung der Banf (siehe Abbildung 3.6). Einige Felder sind in der Abbildung nummeriert, diese sollen kurz erklärt werden:

❶ LIEFERDAT – das Lieferdatum wird aus der Einteilung der Kundenauftragsposition übernommen.

❷ FREIGDATUM – das Freigabedatum ist der Termin, an dem die Banf spätestens in eine Bestellung umgesetzt und an den Lohnbearbeiter übermittelt werden muss, damit dieser den Liefertermin einhalten kann.

❸ BWRTPREIS – der Bewertungspreis wird aus dem Bewertungspreis des Materialstamms übernommen. Der Bewertungspreis wird je nach Preissteuerung im Materialstamm entweder durch den gleitenden Durchschnittspreis oder durch den kalkulierten Standardpreis des Materials gebildet. Der Wert der Banf-Position (Menge * Bewertungspreis / Preiseinheit) dient zur Ermittlung der Freigabestrategie (wenn eine solche überhaupt sinnvoll ist) sowie des Banf-Obligos bei kontierten Positionen. Der Bewertungspreis kann im Customizing als Kann- oder Muss-Eingabe deklariert werden.

❹ FESTER LIEFERANT – ist dem Material ein Lohnbearbeitungsinfosatz mit dem Kennzeichen AUT.BQF = automatische Bezugsquellenfindung zugeordnet, wird der Lieferant zur Banf automatisch gefunden (ausführliche Erklärungen zum Infosatz bietet Ihnen Abschnitt 1.6).

❺ WE – das Kennzeichen Wareneingang legt fest, ob zur Banf-Position ein Wareneingang erwartet wird. Ist das WE-Kennzeichen gesetzt, ist die Position disporelevant. Erfolgt die Abrechnung auf die Kundenauftragsposition, wird das Kennzeichen vom System automatisch gesetzt und ist manuell nicht änderbar.

❻ RE – das Rechnungseingangskennzeichen legt fest, ob eine Rechnung zur Banf erwartet wird. Dieses Kennzeichen kann manuell geändert werden. Bei nicht gesetztem Kennzeichen ist von einer kostenlosen Lieferung auszugehen.

Sie bestätigen das Pop-up mit ✔ und speichern den Kundenauftrag.

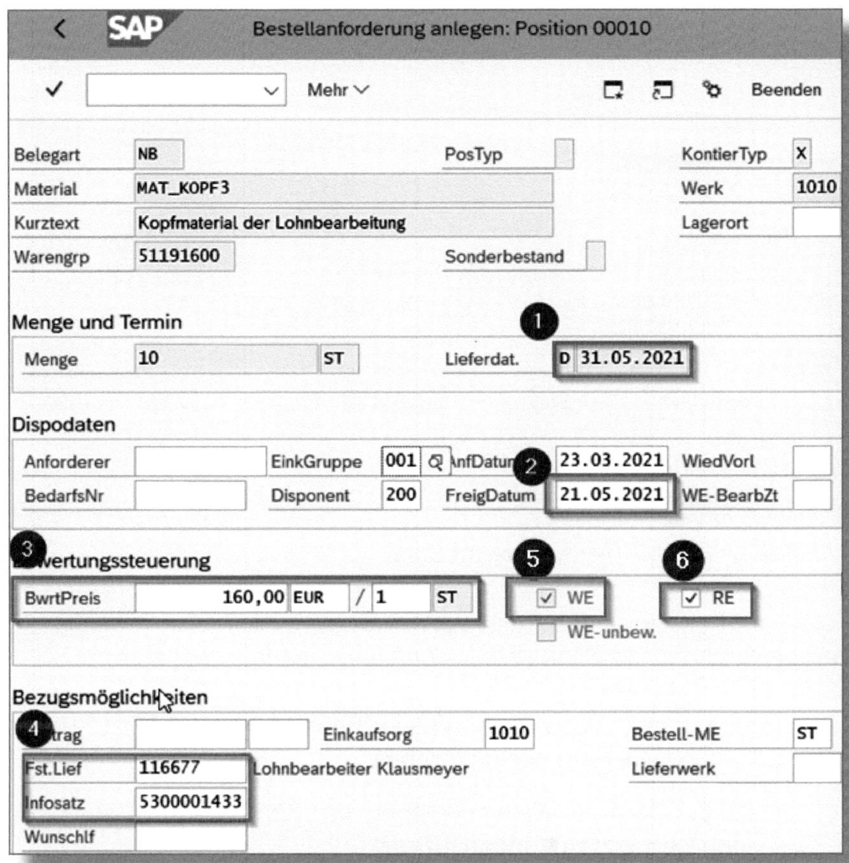


*Abbildung 3.6: Pop-up für die Banf-Anlage*

## 3.3.2 Generierung der Banf

Mit dem Sichern des Kundenauftrags wird eine fixierte Banf für das Kundenauftragsmaterial erzeugt und in der *MD04* dargestellt (siehe Abbildung 3.7). Eine fixierte Banf wird vom MRP-Lauf nicht mehr verändert, auch dann nicht, wenn sich die Bedarfssituation geändert hat.

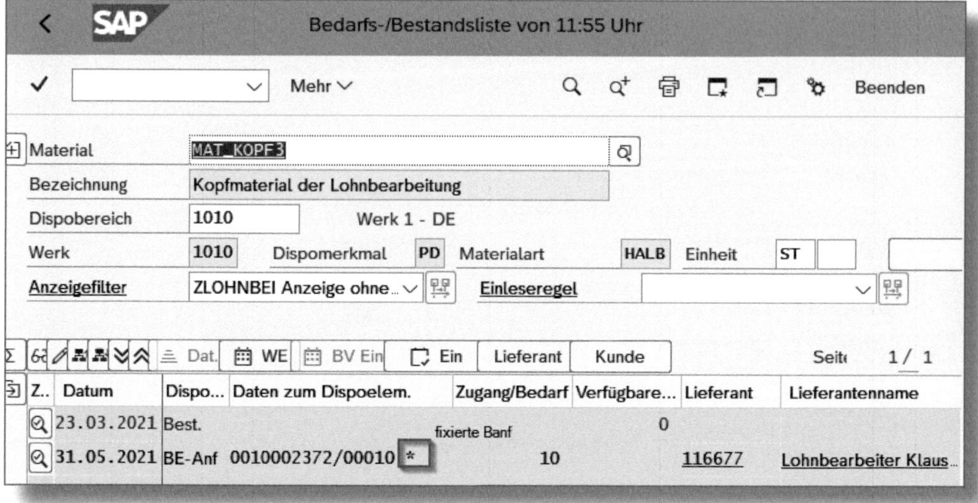


*Abbildung 3.7: MD04 mit fixierter Banf*

Die Banf-Position enthält den KONTIERUNGSTYP *X = alle Nebenkontierungen* und den POSITIONSTYP *L = Lohnbearbeitung*.

Die Verbindungen zwischen Kundenauftragsposition und Banf-Position lassen sich wie folgt nachvollziehen:

- In der Banf, im Reiter Kontierung der Banf-Position, finden Sie den Bezug zum Kundenauftrag.
- Im Kundenauftrag, im Reiter Einteilungen der Kundenauftragsposition, finden Sie die Banf wieder.
- Im Reiter Anlieferadresse der Banf-Position ist die Adresse Ihres Kunden vermerkt, zu dem der Lohnbearbeiter das gefertigte Kopfmaterial, also das Kundenauftragsmaterial, senden soll.

Sofern das Kundenauftragsmaterial eine Stückliste mit Positionen besitzt, die dem Lohnbearbeiter für die Bearbeitung zur Verfügung gestellt werden müssen, werden diese Positionen als Beistellkomponenten in der Banf aufgeführt (siehe auch Abschnitt 1.4).

### 3.3.3 MRP-Lauf – Stücklistenauflösung

In der Transaktion *MD04* ist zu erkennen, dass die Banf des Kopfmaterials den Bedarf an die Beistellkomponenten als *LB-Bed = Beistellbedarf* in den Dispobereich des Lohnbearbeiters abgibt.

Der MRP-Lauf erzeugt gemäß den Dispoparametern im zur Beistellkomponente zugeordneten Dispobereich die Beschaffungsvorschläge zur Deckung des LB-Bed.

Wenn der Sonderbeschaffungsschlüssel *SOBSL 45* im Dispobereich des Lohnbearbeiters eingestellt worden ist, wird der Beistellbedarf mit einer UL-RES = Umlagerungsreservierung gedeckt. Diese UL-RES wiederum erzeugt eine MR-RES = Reservierung im Werk, die für die Umlagerung der Beistellkomponente aus dem Werk in den Dispobereich des Lohnbearbeiters verantwortlich ist.

Für weitere Erklärungen zur Bedarfsübergabe vom Kopfmaterial an die Beistellkomponente springen Sie zurück in Abschnitt 2.3.2.

Nehmen Sie Änderungen an Termin und Menge im Kundenauftrag vor, wird die Banf automatisch entsprechend angepasst. Eine Bestellung hingegen wird nicht mehr aktualisiert.

### 3.3.4 Anlage der Bestellung

Sie wandeln die Banf mit den Standardtransaktionen im Einkauf in eine Bestellung um. Die Bestellung erhält alle Daten aus der Banf und wird an den Lohnbearbeiter übermittelt.

### 3.3.5 Versand der Beistellkomponenten an den Lohnbearbeiter

Der Versand der Beistellkomponenten kann mittels eines Liefer- bzw. eines Warenbegleitscheins mit Bezug zur Bestellung oder mit Bezug zur Umlagerungsreservierung erfolgen. SAP S/4HANA bietet zudem ein Zweitschrittverfahren inklusive Kontrollmöglichkeit des Transferbestands. In Kapitel 4 sind die verschiedenen Möglichkeiten des Versands der Beistellkomponenten ausführlich beschrieben.

### 3.3.6 Buchung des statistischen Wareneingangs

Obwohl der Lohnbearbeiter das fertige Kopfmaterial direkt an Ihren Kunden sendet, muss in Ihrem System ein statistischer Wareneingang durchgeführt werden, um den Verbrauch der Beistellkomponenten zu buchen.

Sie können die Buchung des Wareneingangs über zwei verschiedene Wege vornehmen: zum einen per Anlieferung mit der Transaktion *VL31N*, zum anderen in der Bestandsführung mit der Transaktion *MIGO*, AKTION *A01 = Wareneingang*, REFERENZBELEG *R01 = Bestellung*.

Die Anlieferung könnte automatisiert anhand eines Lieferavis in Ihrem System angelegt werden. Der Lieferavis wird vom Lohnbearbeiter an den Endkunden und an den Besteller geschickt, sobald das Kopfmaterial zum Endkunden versandt wird. Daraufhin wird der statistische Wareneingang zur Anlieferung mit der Transaktion *VL32N* vom Besteller gebucht.

Für den Wareneingang in der Bestandsführung ist ein Kommunikationsmittel zwischen dem Lohnbearbeiter und dem Besteller notwendig, welches das Versenden des Materials an den Endkunden bekannt gibt.

# 4 Versand der Beistellkomponenten an den Lohnbearbeiter

**Der Versand der Beistellkomponenten an den Lohnbearbeiter kann auf vielerlei Wegen erfolgen. In diesem Kapitel beschreibe ich Ihnen verschiedene Prozesse des Versands mit den dazugehörigen Customizing-Einstellungen.**

Die Auslieferung der Beistellkomponenten an den Lohnbearbeiter kann grundsätzlich mit Bezug

- zur Umlagerungsreservierung der Beistellkomponente aus dem Dispobereich des Werks,
- zur Bestellung des Kopfmaterials oder
- ohne Bezug zu einem Vorgängerbeleg

durchgeführt werden.

Zudem besteht die Wahl zwischen der Auslieferung mit einem *Lieferschein*, erzeugt durch eine Lieferung, oder mit einem *Warenbegleitschein,* erzeugt durch eine Warenausgangsbuchung in der Bestandsführung.

Den Versand der Beistellkomponenten stoßen Sie vorzugsweise mit dem LB-Cockpit (Transaktion *ME2ON*) an.

## 4.1 Lieferung mit Lieferschein

Für unser Beispiel soll die Auslieferung der Beistellkomponenten über die Erstellung von Lieferungen mit Kommissionierung und Warenausgangbuchung erfolgen. Für diesen Prozess ist in der Standardauslieferung von SAP S/4HANA die LIEFERART *LB* vorgesehen. Zur Lieferart gehören die beiden Positionstypen *LBN* und *LBR*.

Der Positionstyp »LBN« wird in Lieferungen mit Bezug zur LB-Bestellung benutzt, während »LBR« in Auslieferungen mit Bezug zur Umlagerungsreservierung Anwendung findet.

### 4.1.1 Voraussetzung »Stammdaten«

#### Materialstamm

Für die Beistellkomponenten müssen die Vertriebssichten im Materialstamm gepflegt werden.

#### Geschäftspartner

Die Auslieferung der Beistellkomponenten erfolgt über einen Lieferbeleg, der einem Kunden zugeordnet ist. Somit ist der Lohnbearbeiter nicht nur Kreditor, sondern auch Debitor. Dem GESCHÄFTSPARTNER »Kreditor« muss also ein DEBITOR zugewiesen werden. Die Zuordnung erfolgt mit der Transaktion *BP* (siehe Abbildung 4.1).

*Abbildung 4.1: Zuordnung des Debitors zum Kreditor*

Zudem muss die in der Versandstellenfindung festgelegte VERSANDBEDINGUNG im VERTRIEBSBEREICH des Debitors hinterlegt werden (siehe Abbildung 4.2).

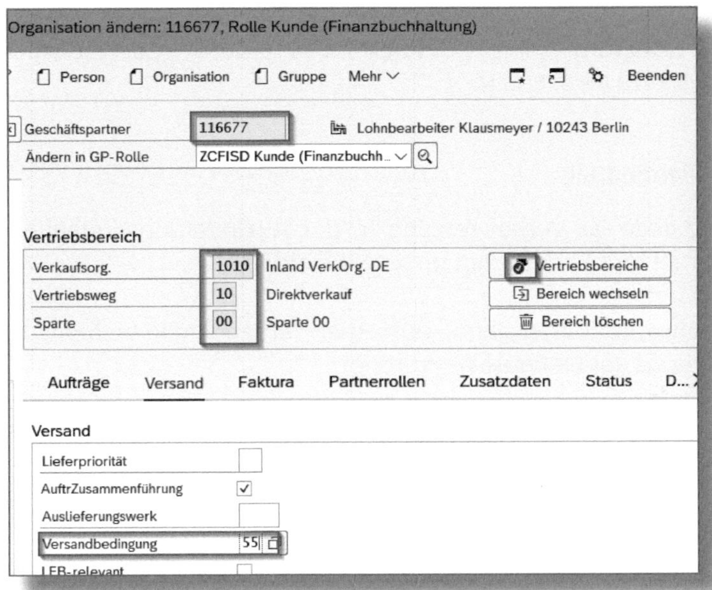


*Abbildung 4.2: Versandbedingung im Vertriebsbereich des Debitors*

## 4.1.2 Voraussetzung »Customizing«

Um die Auslieferung der Beistellkomponenten zum Lohnbearbeiter durchführen zu können, sind zahlreiche Einstellungen im Customizing notwendig.

### Werk

Dem Lieferwerk müssen eine Verkaufsorganisation, ein Vertriebsweg und eine Sparte zugeordnet sein.

Die Einstellung für die Zuordnung finden Sie im Customizing-Pfad

SPRO • MATERIALWIRTSCHAFT • EINKAUF • BESTELLUNG • UMLAGERUNGSBESTELLUNG EINSTELLEN • VERSANDSTELLEN FÜR WERKE EINSTELLEN.

Die Lieferart »LB« muss im Customizing dem Auslieferwerk zugeordnet sein.

Die Einstellung dazu finden Sie im Customizing-Pfad

SPRO • MATERIALWIRTSCHAFT • EINKAUF • BESTELLUNG • LOHNBEARBEITUNGSBESTELLUNG EINSTELLEN.

### Versandstellenfindung

Die Versandstelle ist Voraussetzung in der Auslieferungserstellung. Sie kann in mehrere Ladestellen unterteilt werden.

Eine Lieferung wird immer genau aus **einer** Versandstelle bedient, die Versandstelle ist der Lieferart zugeordnet.

Die Einstellungen der Versandstellenfindung erfolgen in mehreren aufeinander aufbauenden Schritten.

- **Schritt 1: Versandstelle definieren**

Zur Definition der Versandstelle folgen Sie dem Customizing-Pfad SPRO • UNTERNEHMENSSTRUKTUR • DEFINITION • LOGISTICS EXECUTION • VERSANDSTELLE DEFINIEREN oder rufen die Transaktion *EC21* auf (siehe Abbildung 4.3).

Eine Versandstelle hat eine Adresse, für die verschiedene Parameter zur Terminierung und Drucksteuerung hinterlegt werden können.

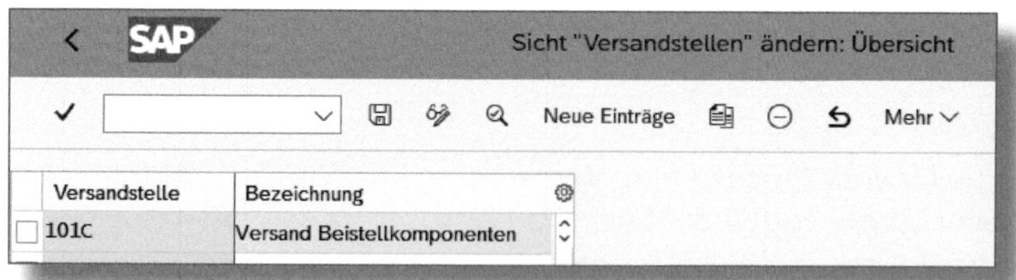


*Abbildung 4.3: Anlage der Versandstelle*

### ▶ Schritt 2: Versandstelle dem Werk zuordnen

Im nächsten Schritt muss die Versandstelle dem Werk zugeordnet werden. Eine Versandstelle kann mehreren Werken zugeordnet werden.

Die Einstellung für die Zuordnung finden Sie im Customizing-Pfad SPRO • UNTERNEHMENSSTRUKTUR • ZUORDNUNG • LOGISTICS EXECUTION • VERSANDSTELLE – WERK ZUORDNEN oder mit der Transaktion *OVXC* (siehe Abbildung 4.4).

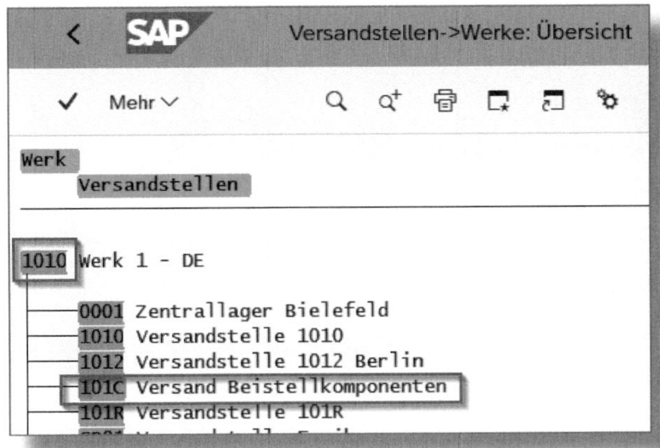


*Abbildung 4.4: Zuordnung der Versandstelle zum Werk*

### ▶ Schritt 3: Versandbedingung definieren

Die Versandbedingung ist ein Parameter der Versandstellenfindung. In Abbildung 4.5 wurde eine Versandbedingung für die Lohnbearbeitung angelegt. In der Standardauslieferung sind Versandbedingungen bereits enthalten.

**! Versandbedingung und Geschäftspartner**

Die Versandbedingung muss im Geschäftspartner »Kunde« im Bereich VERTRIEB auf dem Reiter VERSAND hinterlegt werden.

Die Einstellung für die Versandbedingung finden Sie im Customizing-Pfad

SPRO • LOGISTICS EXECUTION • VERSAND • GRUNDLAGEN • VERSAND-/WARENANNAHMESTELLENFINDUNG • VERSANDBEDINGUNG DEFINIEREN.

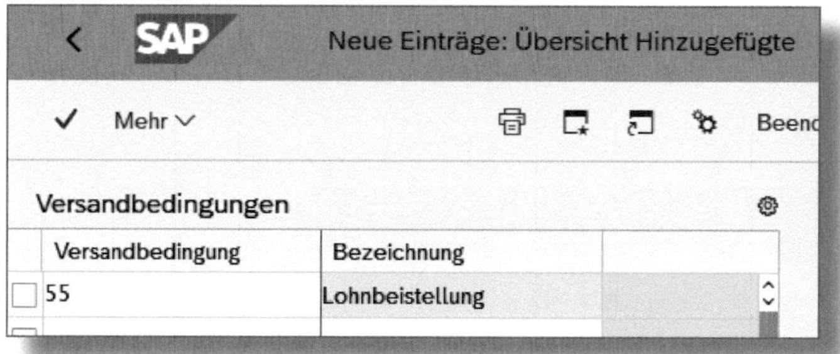


*Abbildung 4.5: Versandbedingung anlegen*

- **Schritt 4: Regel für die Versandstellenfindung definieren**

Je Lieferart können Sie in diesem Customizing-Schritt bestimmen, nach welchen Parametern die Versandstelle gefunden wird:

- anhand von *Werk*, *Ladegruppe*, und *Versandbedingung* oder
- anhand von *Werk*, *Ladegruppe*, *Versandbedingung* und *Lagerort*.

Die Einstellung für die Versandstellenfindung finden Sie im Customizing-Pfad

SPRO • LOGISTICS EXECUTION • VERSAND • GRUNDLAGEN • VERSAND-/WARENANNAHMESTELLENFINDUNG • LAGERORTABHÄNGE VERSANDSTELLENFINDUNG EINRICHTEN • REGEL FÜR DIE VERSANDSTELLENFINDUNG DEFINIEREN.

Abbildung 4.6 zeigt die *werksabhängige Versandstellenfindung* für die LIEFERART *LB*.

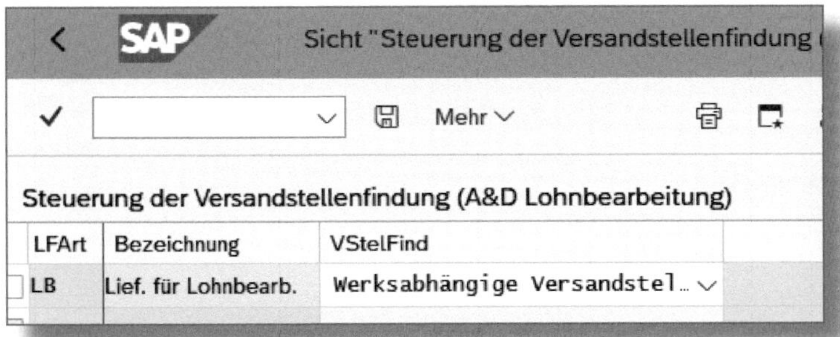


*Abbildung 4.6: Regel für die Versandstellenfindung*

▶ **Schritt 5: Versandstelle zuordnen**

Nun wird die Versandstelle entsprechend der im vierten Schritt definierten Regel zugeordnet, in unserem Beispiel der Versandbedingung und dem Werk (siehe Abbildung 4.7).

Die Einstellung für die Zuordnung finden Sie im Customizing-Pfad

SPRO • LOGISTICS EXECUTION • VERSAND • GRUNDLAGEN • VERSAND-/WARENANNAHMESTELLENFINDUNG • VERSANDSTELLEN ZUORDNEN.

Eine weitere Abhängigkeit können Sie mittels der *Ladegruppe* erzielen. Ladegruppen beschreiben die Gerätschaften (z. B. Stapler), die notwendig sind, um das Material zu verladen. Die Ladegruppe wird im Materialstamm im Reiter Vertrieb: allg./Werk gepflegt.

**! Ladegruppe und Versandstellenfindung**

Für eine Lieferung wird genau **eine** Versandstelle gefunden. Soll die Ladegruppe in die Findung einbezogen werden, muss gewährleistet sein, dass alle Positionen der Lieferung dieselbe Ladegruppe im Materialstamm besitzen. Anderenfalls kann die Versandstelle nicht gefunden und damit die Lieferung nicht angelegt werden.

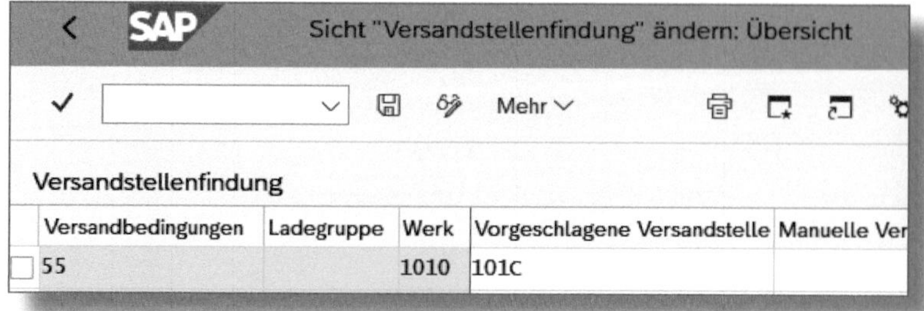


*Abbildung 4.7: Zuordnung der Versandstelle*

## Findung des Kommissionierlagerorts

Für unser Beispiel soll auch der *Kommissionierlagerort* in der Lieferposition automatisch gefunden werden. Der automatisch ermittelte Lagerort kann manuell in der Lieferposition geändert werden. In unserem Beispiel beziehen wir uns zur Vereinfachung der Einstellungen ausschließlich auf den Lagerort in der Bestandsführung, ohne weiteres Lagerverwaltungssystem.

Auch die Einstellungen für die Findung des Kommissionierlagerorts in der Lieferung sind aufeinander aufbauend. Im ersten Schritt wird eine Regel zur Findung pro Lieferart angelegt, im zweiten Schritt wird der Kommissionierlagerort gemäß dieser Regel zugeordnet.

### ▶ Schritt 1: Regel zur Findung anlegen

SAP S/4HANA gibt zwei Regeln vor: *MALA* und *RETA*. Die Regel MALA definiert die Findung des Kommissionierlagerorts nach *Raumbedingung* (kann im Materialstamm gesetzt werden), *Auslieferwerk* und *Versandstelle*. Die Regel RETA findet den Kommissionierlagerort nach *Lagerort*, *Auslieferungswerk* und *Situation*.

Die Einstellung für die Findung finden Sie im Customizing-Pfad

SPRO • LOGISTICS EXECUTION • VERSAND • KOMMISSIONIERUNG • KOMMISSIONIERLAGERORTFINDUNG • REGELN ZUR KOMMILAGERORTFINDUNG DEFINIEREN.

Für das in Abbildung 4.8 gezeigte Beispiel wird die Regel MALA angewandt.

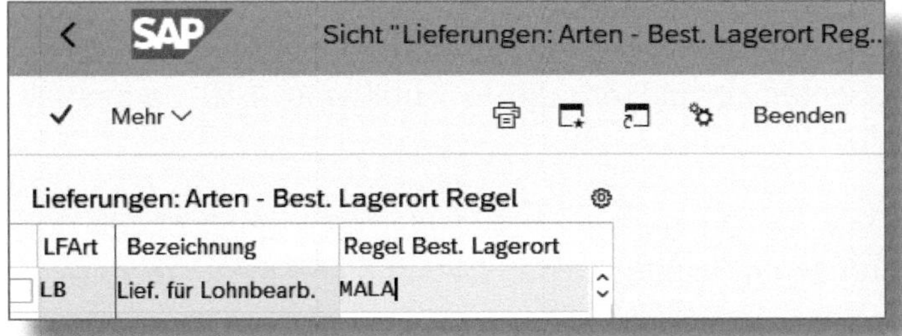


*Abbildung 4.8: Zuweisung der Regel zur Lieferart*

- **Schritt 2: Kommissionierlagerortfindung**

Der Lagerort wird in diesem Schritt der Versandstelle und dem Werk zugeordnet (siehe Abbildung 4.9). Eine weitere Abhängigkeit können Sie mit der *Raumbedingung* definieren. Die Raumbedingung wird im Materialstamm im Reiter Werksdaten/Lagerung1 gepflegt.

Die Einstellung für die Zuordnung finden Sie im Customizing-Pfad

SPRO • LOGISTICS EXECUTION • VERSAND • KOMMISSIONIERUNG • KOMMISSIONIERLAGERORTFINDUNG • KOMMISSIONIERLAGERORTE ZUORDNEN.

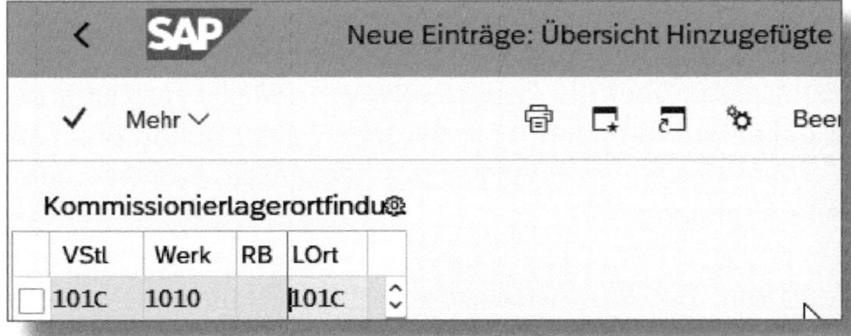


*Abbildung 4.9: Zuordnung des Lagerorts zu Versandstelle und Werk*

## Bedarfsübergabe

In der Standardauslieferung von SAP S/4HANA fehlen notwendige Einstellungen für die Bedarfsübergabe aus der Lieferung in die Bestandsführung. Deshalb werden Sie bei dem Versuch, eine Auslieferung von Beistellkomponenten anzulegen, die in Abbildung 4.10 dargestellte Meldung erhalten.

Daher gilt es nun, im Customizing die Bedarfsübergabe für die Auslieferung *LB* und deren Positionstypen *LBN* und *LBR* einzustellen.

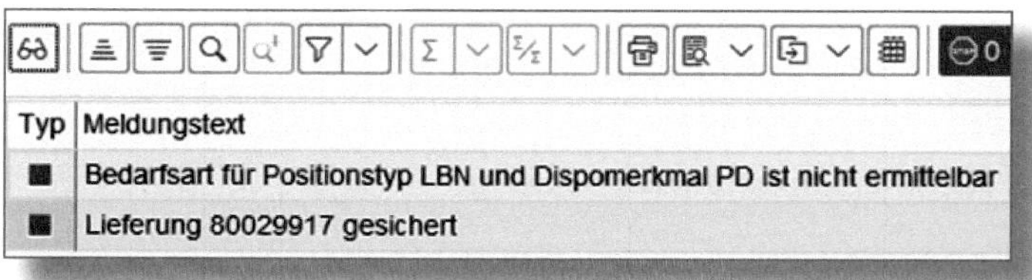


*Abbildung 4.10: Meldung wegen fehlender Bedarfsübergabe*

- ▶ **Schritt 1: Einteilungstyp definieren**

Die Einteilungstypen (siehe Erläuterung zur Einteilung in Abschnitt 3.2.4) werden definiert im Customizing-Pfad SPRO • VERTRIEB • VERKAUF • VERKAUFSBELEGE • EINTEILUNGEN • EINTEILUNGSTYPEN DEFINIEREN oder in der Transaktion *VOV6*.

Der Einteilungstyp *LB* für die Auslieferung der Lohnbeistellkomponenten steuert zum einen über die BEWEGUNGSART *541* die Buchung der Mengen sowie die Wertveränderung in der Materialwirtschaft und zum anderen mit einem Haken bei POSITION IST LIEFERRELEVANT die Lieferrelevanz (siehe Abbildung 4.11).

Darüber hinaus wird der EINTEILUNGSTYP für die Bedarfsübergabe je Positionstyp und Dispomerkmal benötigt.

*Abbildung 4.11: Details zum Einteilungstyp »LB«*

▶ **Schritt 2: Einteilungstyp zuordnen**

In diesem Customizing-Schritt wird der Einteilungstyp dem Positionstyp der Lieferung zugeordnet. Die Zuordnung erfolgt abhängig vom Dispomerkmal im Materialstamm.

Abbildung 4.12 zeigt exemplarisch eine Einstellung für den Positionstyp *LBN*; die gleiche Einstellung nehmen Sie für den Positionstyp *LBR* vor.

Die Anzahl der Einträge in der Customizing-Tabelle *TVEPZ* richtet sich nach der Verwendung der Dispomerkmale im Materialstamm in Ihrem Unternehmen.

Die Einstellungen finden Sie im Customizing-Pfad

SPRO • VERTRIEB • VERKAUF • VERKAUFSBELEGE • EINTEILUNGEN • EINTEILUNGSTYPEN ZUORDNEN.

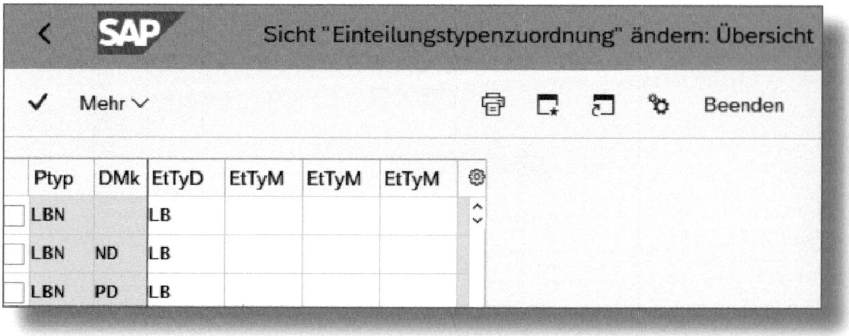

Sicht "Einteilungstypenzuordnung" ändern: Übersicht

Mehr Beenden

| Ptyp | DMk | EtTyD | EtTyM | EtTyM | EtTyM |
|---|---|---|---|---|---|
| LBN | | LB | | | |
| LBN | ND | LB | | | |
| LBN | PD | LB | | | |

*Abbildung 4.12: Einteilungstyp zuordnen*

► **Schritt 3: Bedarfsart über Positionstyp bestimmen**

Die Ermittlung der Bedarfsart folgt einer bestimmten Suchstrategie, über

1. die Strategiegruppe im Materialstamm,
2. die Dispositionsgruppe im Materialstamm,
3. die Materialart,
4. den Positionstyp des Verkaufs- bzw. Lieferbelegs in Kombination mit dem Dispomerkmal im Materialstamm,
5. den Positionstyp des Verkaufsbelegs.

Sind weder zur Beistellkomponente eine Strategiegruppe und/oder Dispositionsgruppe im Materialstamm hinterlegt noch der Materialart im Customizing eine Bedarfsart zugeordnet, sucht das System die Bedarfsart über den Positionstyp der Auslieferung und das Dispomerkmal.

Die Einstellung für die Bedarfsklassen und Bedarfsarten finden Sie im Customizing-Pfad

SPRO • LOGISTICS EXECUTION • VERSAND • GRUNDLAGEN • VERFÜGBARKEITSPRÜFUNG UND BEDARFSÜBERGABE • BEDARFSÜBERGABE.

Diese Customizing-Aktivität ist in drei Schritte unterteilt:

- Bedarfsklassen definieren
- Bedarfsarten definieren
- Bedarfsart über Positionstyp und Dispomerkmal ermitteln

### Bedarfsklassen und Bedarfsarten

Es ist sehr wichtig, den Aufbau, die Logik sowie die Steuerung der Bedarfsklassen und Bedarfsarten zu verstehen.

Lesen Sie zur Festigung Ihres Wissens deshalb die jeweilige Beschreibung zu den einzelnen Customizing-Schritten in der SAP-Hilfe. Diese ist für jeden Customizing-Schritt hinter dem Icon zu finden.

Überprüfen Sie in Ihrem System, ob die BEDARFSKLASSE *110* in der SAP-S/4HANA-Standardauslieferung enthalten ist. Das Besondere an der Bedarfsklasse *110* ist, dass diese nicht disponiert, dennoch aber in der MD04 angezeigt wird (siehe Abbildung 4.13), Feld KD (keine Disporelevanz) = *1*.

*Abbildung 4.13: Bedarfsklasse ohne Disporelevanz*

In der MD04 bedeutet dies, dass nur die Reservierung auf die verfügbare Menge zugreift, die Lieferung erscheint lediglich als Information und ist nicht disporelevant. Dieser Sachverhalt ist sehr wichtig, denn wäre die Lieferung disporelevant, würde diese auch den verfügbaren Bestand reduzieren. Ein zusätzlicher Planauftrag zur Bedarfsdeckung wäre im nächsten MRP-Lauf die Folge. Abbildung 4.24 in Abschnitt 4.1.4 zeigt dazu ein Beispiel in der MD04.

Die Bedarfsart wird einer Bedarfsklasse zugeordnet. Es sind mehrere Bedarfsarten zu einer Bedarfsklasse, jedoch nur eine Bedarfsklasse zu einer Bedarfsart zuordenbar (siehe Abbildung 4.14).

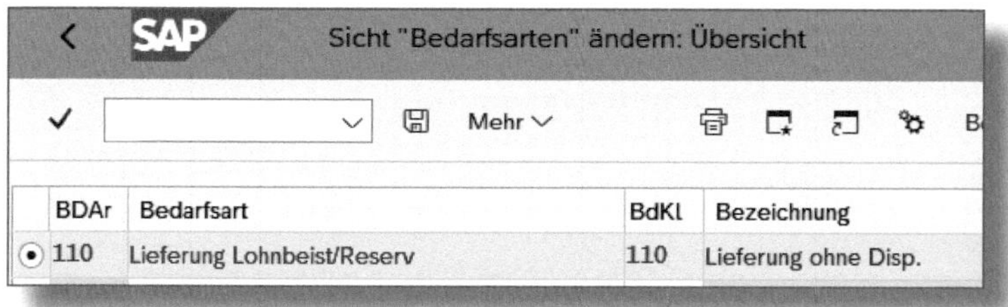


*Abbildung 4.14: Zuordnung der Bedarfsart zur Bedarfsklasse*

Nun erfolgt der Schritt, der die Findung der Bedarfsart beeinflusst: Der Positionstyp *LBR* der Auslieferung *LB* wird der Bedarfsart zugeordnet (siehe Abbildung 4.15).

### Verfügbarkeitsprüfung

Die im Materialstamm im Reiter Disposition 3 hinterlegte Verfügbarkeitsprüfung muss im Customizing der Prüfregel *B* zugeordnet sein (siehe Abbildung 4.16). Dies hinterlegen Sie entweder über SPRO • Logistics Execution • Versand • Grundlagen • Verfügbarkeitsprüfung und Bedarfsübergabe • Verfügbarkeitsprüfung • Umfang der Verfügbarkeitsprüfung konfigurieren oder in der Transaktion *OVZ9*.

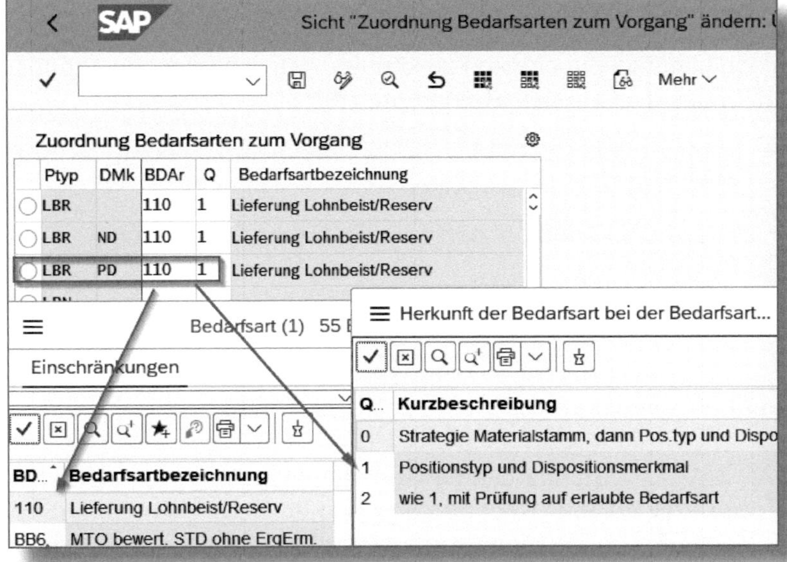


*Abbildung 4.15: Bedarfsart zu Positionstyp und Dispomerkmal zuordnen*

In der Prüfregel *B* ist der Bedarf mit *Lieferung* gepflegt. Somit werden bei der Verfügbarkeitsprüfung Bedarfe berücksichtigt, die aus Lieferscheinen resultieren.

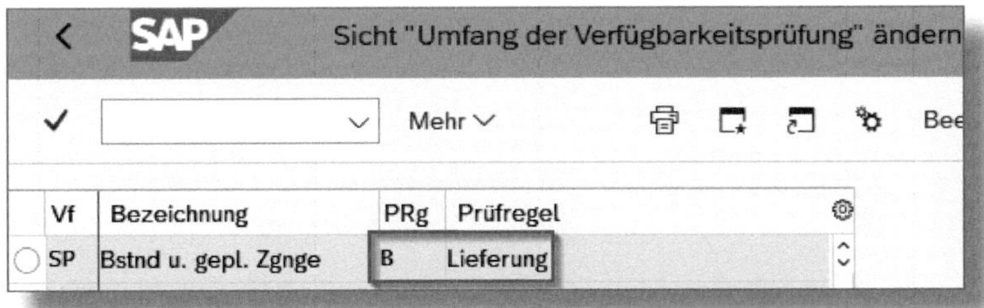


*Abbildung 4.16: Zuordnung der Prüfregel zur Verfügbarkeitsprüfung*

### Druck des Lieferscheins

Um einen Lieferschein drucken zu können, müssen folgende Aktionen im Customizing und in den Stammdaten durchgeführt werden:

- Kontrolle des Customizings der Nachrichtenfindung der SAP-S/4HANA-Standardauslieferung
- Pflege der Konditionssätze für die Nachrichtenfindung

Die Einstellung für die Nachrichtenfindung der Auslieferung finden Sie im Customizing-Pfad

SPRO • LOGISTICS EXECUTION • VERSAND • GRUNDLAGEN • NACHRICHTENSTEUERUNG • NACHRICHTENFINDUNG FÜR AUSLIEFERUNGEN.

Im SAP-S/4HANA-Standard sind Konditionstabellen, Nachrichtenarten, Zugriffsfolgen und Nachrichtenschemen bereits enthalten. Für die Auslieferung im Vertrieb ist die NACHRICHTENART *LD00* vorgesehen. Diese Nachrichtenart verweist auf die ZUGRIFFSFOLGE *0012 = Versandstelle* und diese wiederum auf die KONDITIONSTABELLENNUMMER *027 = Versandstelle*.

Die Standardeinstellung in SAP S/4HANA kann natürlich an die Gegebenheiten Ihres Unternehmens angepasst werden. Hierfür ist die Zugriffsfolge zur Nachrichtart zu ändern.

Überprüfen Sie, ob die Nachrichtenart LD00 auch einem Nachrichtenschema zugeordnet ist. Im Customizing-Schritt Nachrichtenschema zuordnen lässt sich dies nachvollziehen oder neu pflegen (siehe Abbildung 4.17).

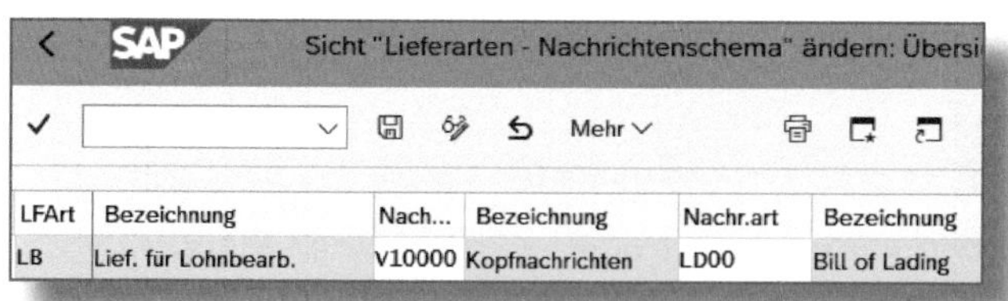


| LFArt | Bezeichnung | Nach... | Bezeichnung | Nachr.art | Bezeichnung |
|---|---|---|---|---|---|
| LB | Lief. für Lohnbearb. | V10000 | Kopfnachrichten | LD00 | Bill of Lading |

*Abbildung 4.17: Zuordnung der Nachrichtenart zum Nachrichtenschema*

Zusätzlich zu den Customizing-Einstellungen muss der Konditionssatz für die Nachrichtart gepflegt werden. Folgen Sie dazu dem SAP-Menüpfad LOGISTIK • LOGISTICS EXECUTION • STAMMDATEN • NACHRICHTEN • VERSAND • AUSLIEFERUNGEN oder der Transaktion *VV21*.

Soll die Nachricht entsprechend der Versandstelle gefunden werden, erfolgt auch die Pflege des Konditionssatzes mit Bezug zur Versandstelle (siehe Abbildung 4.18).

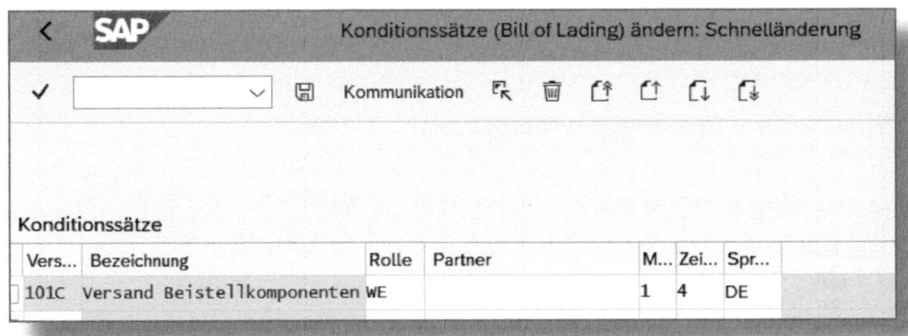


*Abbildung 4.18: Pflege des Konditionssatzes*

Mit den oben gezeigten Einstellungen wird der Lieferschein mit der WA-Buchung zur Auslieferung erzeugt und gedruckt.

Die Nachricht kann in der Lieferung im Menüpunkt ZUSÄTZE • LIEFERSCHEIN • KOPF gefunden und ggf. auch wiederholt werden (siehe Abbildung 4.19).

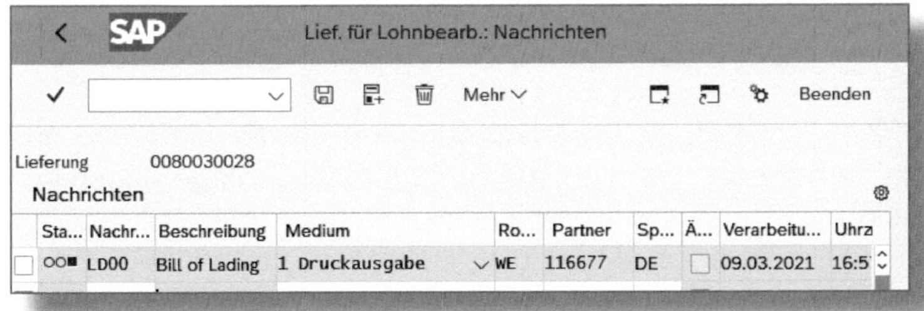


*Abbildung 4.19: Nachricht im Lieferbeleg*

### 4.1.3 Prozessablauf mit Bezug zur Umlagerungsreservierung

Die Einstellungen im Customizing für die Versandabwicklung haben Sie im letzten Abschnitt vorgenommen, betrachten wir nun den Prozessablauf mit Bezug zur Umlagerungsreservierung.

Wie in Abschnitt 2.3.2 erklärt, wurden in der Disposition (Transaktion *MD04*) eine oder auch mehrere Umlagerungsreservierungen MR-RES aus dem Werk im Dispobereich des Lohnbearbeiters erzeugt. Zu einer solchen Reservierung soll in diesem Abschnitt die Auslieferung der Beistellkomponenten angelegt werden.

Im LOHNBEARBEITUNGS-COCKPIT, Transaktion *ME2ON*, findet sich die Umlagerungsreservierung aus dem Werk im Abschnitt ZUGANG ÜBER UMLAGERUNGSRESERVIERUNG wieder (siehe Abbildung 4.20).

Sie markieren die Zeile mit der Umlagerungsreservierung (siehe gerahmte Zeile in Abbildung 4.20) und erstellen eine Lieferung mit Lieferschein über den Button Lieferung anlegen .

Zur Belieferung können gleichzeitig mehrere Reservierungen für ein oder auch verschiedene Materialien markiert werden. Wählen Sie hierfür die Kopfzeile des Materials oder mehrere einzelne Umlagerungsreservierungen aus. Die Anzahl der Lieferpositionen im Liefervorschlag entspricht dann der Anzahl der markierten Reservierungen. Eine Kumulierung der Menge je Material wird von SAP S/4HANA jedoch nicht durchgeführt.

Wenn nur eine Position je Beistellkomponente in der Lieferung enthalten sein soll, können Sie die Liefermenge einer Umlagerungsreservierungsposition – und damit der Lieferposition – manuell erhöhen und nur diese Position zur Anlage der Auslieferung auswählen. Damit würde die ausreichende Menge je Beistellkomponente an den Lohnbearbeiter geliefert werden.

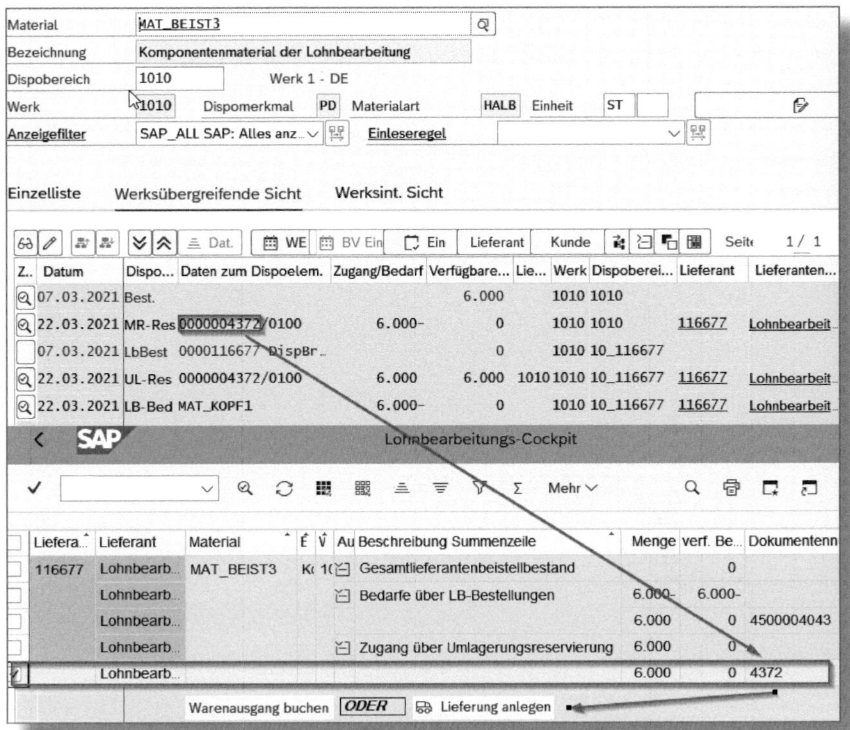


*Abbildung 4.20: MD04 und ME2ON mit Reservierung vor dem Warenausgang*

Allerdings wird nur die erhöhte Umlagerungsreservierung mit der Auslieferung verrechnet, die anderen Umlagerungsreservierungen bleiben in der *MD04* als überschüssiger Bedarf erhalten. Diese quasi übriggebliebenen Umlagerungsreservierungen werden mit dem nachfolgenden MRP-Lauf im Dispobereich des Lieferanten wieder aufgelöst.

Sinnvoll ist, das LOSGRÖSSENVERFAHREN je Beistellkomponente so zu wählen, dass die Anzahl der Umlagerungsreservierungen je Zeitabschnitt und damit auch die Anzahl der Lieferpositionen optimiert bleiben. Dafür bietet sich beispielsweise eine Tages- oder Wochenlosgröße an. Das Losgrößenverfahren je Material pflegen Sie in der Sicht **Disposition 1** im Materialstamm.

Ist die Lieferung zur Umlagerungsreservierung angelegt, erscheint diese in der *MD04* im Auslieferungswerk (siehe Abbildung 4.21).

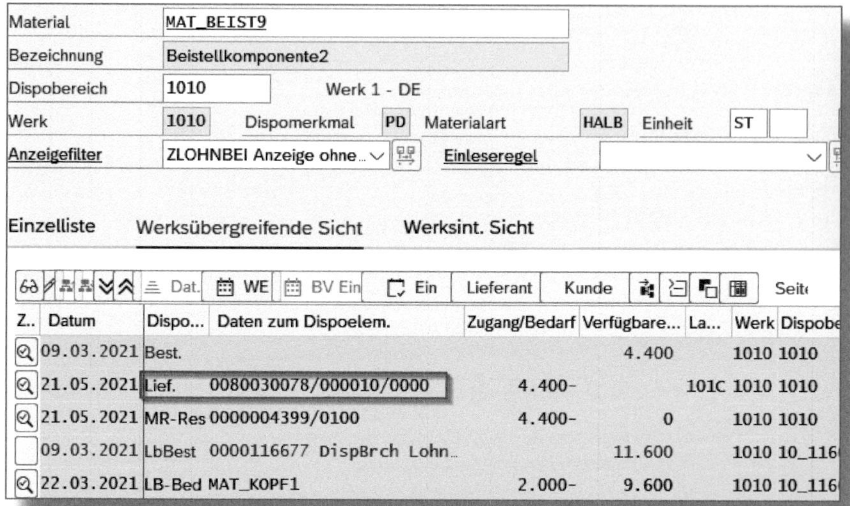

*Abbildung 4.21: MD04 mit Lieferung vor der WA-Buchung*

Die Lieferung wird zudem im LOHNBEARBEITUNGS-COCKPIT (*ME2ON*) im Abschnitt LIEFERUNGEN MIT OFFENEN WARENAUSGANG angezeigt (siehe Abbildung 4.22).

Lohnbearbeitungs-Cockpit

| Lieferant | Lieferant | Material | Materialkurztext | Werk | Auf / Zu | Beschreibung Summenzeile | Men... | verf. Be... | Dokumentennur |
|---|---|---|---|---|---|---|---|---|---|
| 116677 | Lohnbearbeit... | MAT_BEIST9 | Beistellkomponent... | 1010 | | Gesamtlieferantenbeistellbestand | | 11.600 | |
| | Lohnbearbeit... | | | | | Bedarfe über LB-Streckenbanfen | 16.0... | 4.400- | |
| | Lohnbearbeit... | | | | | Zugang über Umlagerungsreservierung | 4.40... | 0 | |
| | Lohnbearbeit... | | | | | Lieferungen mit offenen Warenausgang | 4.40... | 4.400 | |
| | Lohnbearbeit... | | | | | | 4.40... | 0 | 80030078 |

*Abbildung 4.22: Lieferung mit offenem Warenausgang*

Die Kommissionierung sowie die Buchung des Warenausgangs führen Sie im SD-Beleg und mit den Mitteln der Lagerverwaltung durch.

Die Menge der Auslieferungsposition wird nach dem Buchen des Warenausgangs mit der Menge der Reservierung verrechnet, wodurch die Reservierungsmenge abgebaut wird. In Abbildung 4.23 sind die Reservierung sowie die Auslieferung nicht mehr enthalten. Dafür wurde der Beistellbestand beim Lohnbearbeiter erhöht.

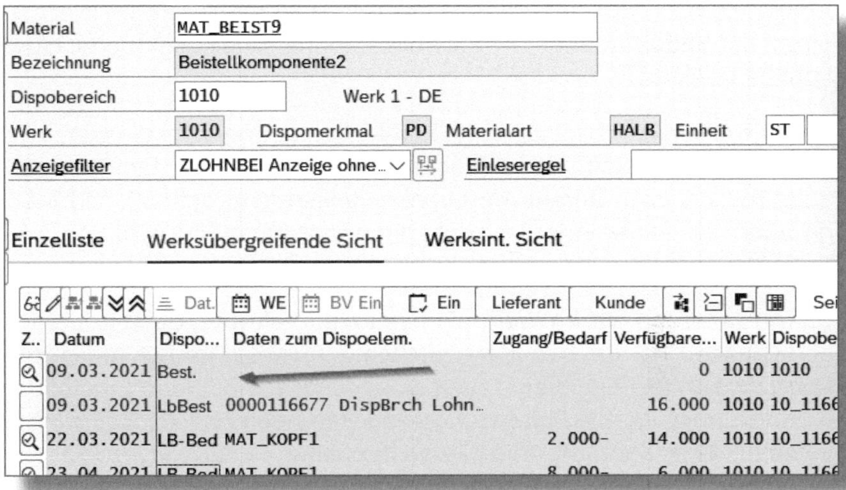


Abbildung 4.23: MD04 nach der WA-Buchung

Zudem fehlt im LOHNBEARBEITUNGS-COCKPIT der Abschnitt LIEFERUNGEN MIT OFFENEN WARENAUSGANG.

## 4.1.4 Prozessablauf mit Bezug zur LB-Bestellung des Kopfmaterials

Möchten Sie die Auslieferung der Beistellkomponenten mit Bezug zur LB-Bestellung des Kopfmaterials anlegen, dann markieren Sie im LOHNBEARBEITUNGS-COCKPIT (*ME2ON*), Abschnitt BEDARFE ÜBER LB-BESTELLUNGEN, die entsprechenden Bestellungen.

Auch hier können mehrere Bestellungen selektiert werden. Anschließend wählen Sie den Button Lieferung anlegen.

Im Liefervorschlag erhalten Sie exakt die Menge der Beistellkomponente, die durch die Stücklistenauflösung der LB-Bestellposition des Kopfmaterials ermittelt worden ist.

Die Lieferung wird, sofern ein ausreichend frei verwendbarer Bestand im Werk existiert, mit der errechneten Beistellmenge angelegt (siehe Abbildung 4.24; die Liefermenge der Beistellkomponente im Werk ist gleich der Bedarfsmenge der Beistellkomponente im Dispobereich des Lohnbearbeiters).

Ist der frei verwendbare Bestand im Werk zu gering, wird die Lieferung automatisch nur mit der verfügbaren Menge angelegt. Eine Verrechnung mit der sich bereits im Lohnbeistellbestand befindlichen Menge oder mit der Menge der Umlagerungsreservierung wird von SAP S/4HANA nicht durchgeführt.

Die Auslieferung gilt im Werk als nicht disporelevant, denn in der Bedarfsklasse 110 ist das Kennzeichen Bedarfssatz ist nicht disporelevant gesetzt (siehe auch Abbildung 4.13). Diese Einstellung ist notwendig, damit Umlagerungsreservierungen und Auslieferungen innerhalb eines Zeitabschnitts keine doppelten Bedarfe erzeugen.

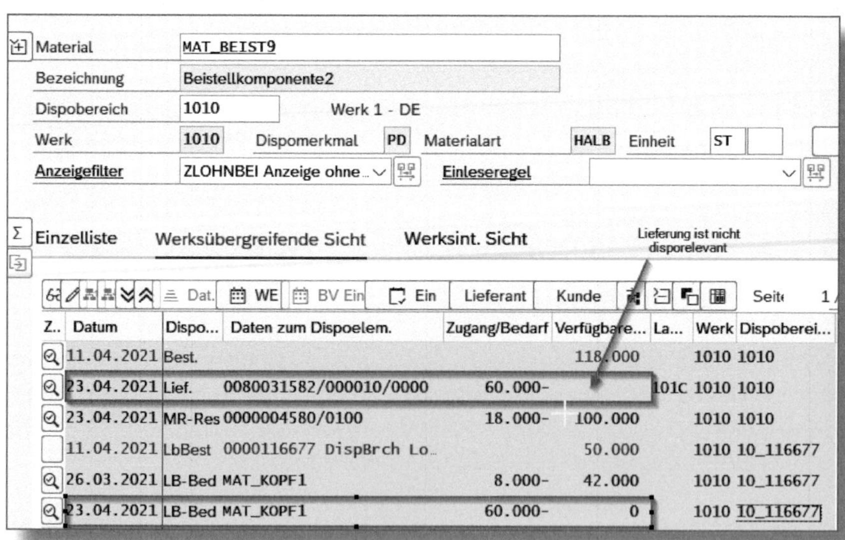


*Abbildung 4.24: MD04 mit Lieferung zur Bestellung*

Der Lagerbestand wird nach der Buchung des Warenausgangs um die Liefermenge reduziert, der Lohnbeistellbestand wird um dieselbe Menge erhöht.

Die Umlagerungsreservierung bleibt erhalten und wird erst mit dem nächsten MRP-Lauf im Dispobereich des Lieferanten gelöscht.

Ganz offensichtlich passt ein Mischbetrieb von Auslieferungen zu Umlagerungsreservierungen und Auslieferungen zu Bestellungen nicht zusammen. Vorab ist deshalb für jede Beistellkomponente zu entscheiden, welcher Bezug für die optimale Versandprozessabwicklung notwendig ist: die Variante zur Bevorratung der Beistellkomponenten beim Lieferanten oder eben jene, die genau die Mengen je Lohnbearbeitungsbestellung ausweist.

Die Lieferung können Sie sich mit der Transaktion *VL03N* (Lieferung anzeigen) darstellen lassen. In der Auslieferung mit Bezug zur LB-Bestellung ist in den Vorgängerdaten der Lieferposition die Bestellnummer als Vorlagebeleg enthalten. Die Bestellnummer kann demnach auf den Lieferschein der Beistellkomponenten angedruckt werden.

Auch in der LB-Bestellposition des Kopfmaterials (Transaktion *ME23N* – Bestellung anzeigen) finden Sie im Reiter Bestellentwicklung die Auslieferung der Beistellkomponenten referenziert.

## 4.2 Lieferung mit Warenbegleitschein

Wenn der Versand der Beistellkomponenten lediglich mit einem Warenbegleitschein und ohne Liefer- und Kommissionierprozess abgebildet werden kann, bietet sich die sehr einfache Buchung des Warenausgangs in der Bestandsführung an.

### 4.2.1 Voraussetzung »Stammdaten«

Es sind keine Stammdatenvoraussetzungen gegeben.

## 4.2.2 Voraussetzung »Customizing«

### Einstellungen zum Druck des Warenbegleitscheins

Um einen Warenbegleitschein drucken zu können, müssen vorab folgende Aktionen im Customizing durchgeführt werden:

- Definition von Positionsdruckkennzeichen
- Zuordnung der Druckversion zum Transaktionscode
- Zuordnung der Positionsdruckkennzeichen zur Bewegungsart
- Pflege der Konditionssätze für die Nachrichtfindung
- Pflege der Benutzerparameter

Zum Einstellen der Drucksteuerung folgen Sie dem Customizing-Pfad

SPRO • MATERIALWIRTSCHAFT • BESTANDSFÜHRUNG UND INVENTUR • DRUCKSTEUERUNG.

- **Schritt 1: Allgemeine Einstellungen – Positionsdruckkennzeichen**

In der Standardauslieferung von SAP S/4HANA sind bereits Druckkennzeichen enthalten (siehe Abbildung 4.25). Es empfiehlt sich deshalb, mit der Standardauslieferung zu arbeiten.

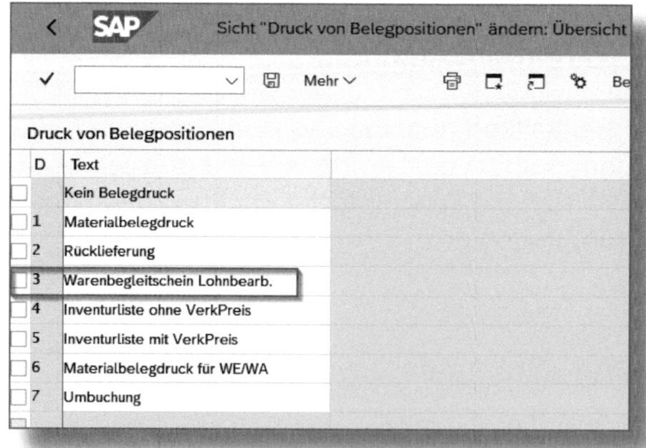


*Abbildung 4.25: Customizing-Schritt »Positionsdruckkennzeichen«*

Das Druckkennzeichen steuert, ob das Drucken der Materialposition möglich ist und welche Nachrichtenart für den Warenbegleitschein verwendet wird.

- **Schritt 2: Allgemeine Einstellungen – Druckversion**

In diesem Customizing-Schritt wird die Version des Warenbegleitscheins der Transaktion zugeordnet, mit der der Warenbegleitschein erzeugt werden soll (siehe Abbildung 4.26).

Standardmäßig wird die VERSION *1 = Einzelschein* zur Transaktion ME2ON ausgeliefert, es kann aber auch die VERSION *3 = Sammelbegleitschein* gewählt werden, wenn für alle Positionen des Materialbelegs ein Warenbegleitschein gedruckt werden soll.

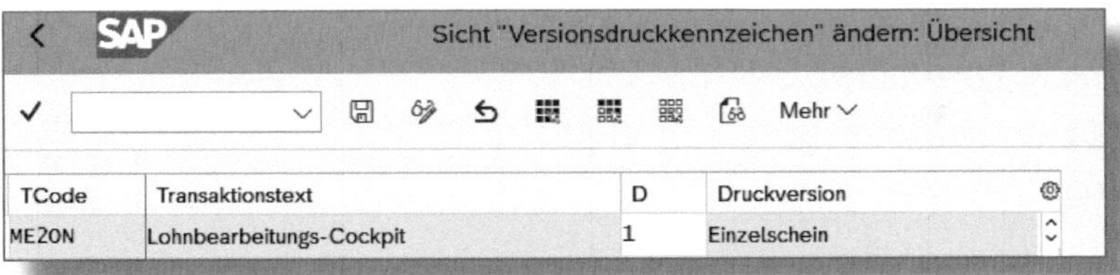
Sicht "Versionsdruckkennzeichen" ändern: Übersicht

| TCode | Transaktionstext | D | Druckversion |
|---|---|---|---|
| ME2ON | Lohnbearbeitungs-Cockpit | 1 | Einzelschein |

*Abbildung 4.26: Customizing-Schritt »Druckversion«*

- **Schritt 3: Druckkennzeichen für Warenausgangs-/Umbuchung pflegen**

In diesem Customizing-Schritt muss das Druckkennzeichen der Bewegungsart zugeordnet werden (siehe Abbildung 4.27). In der Standardauslieferung von SAP S/4HANA sollte das Druckkennzeichen *3 = Warenbegleitschein Lohnbearbeitung* der BWA *541* zugeordnet sein.

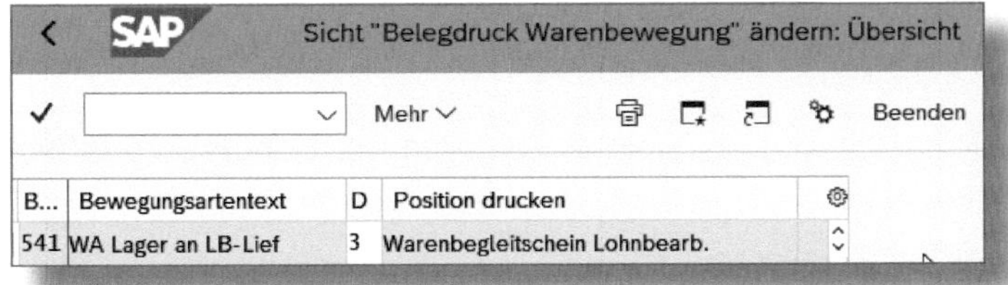
Sicht "Belegdruck Warenbewegung" ändern: Übersicht

| B... | Bewegungsartentext | D | Position drucken |
|---|---|---|---|
| 541 | WA Lager an LB-Lief | 3 | Warenbegleitschein Lohnbearb. |

*Abbildung 4.27: Zuordnung des Druckkennzeichens*

Die SAP empfiehlt, mit den Standardauslieferungen zu arbeiten.

- **Nachrichtenfindung**

Nachrichten sind als Texte in der Bestandsführung zu verstehen, die bei Warenbewegungen erzeugt werden.

Wenn Sie die SAP-Standardnachrichtenarten benutzen möchten, diese jedoch in Ihrem System nicht hinterlegt sind, starten Sie das Programm *RM07NCUS* mit der Transaktion *SE38*. Dieses Programm kopiert alle Standardeinstellungen aus dem Mandanten 000.

Für die weiteren Einstellungen der Nachrichtenfindung folgen Sie dem Pfad

SPRO • MATERIALWIRTSCHAFT • BESTANDSFÜHRUNG UND INVENTUR • NACHRICHTENFINDUNG.

- **Zugriffsfolgen**

Die Nachrichtenarten der Lohnbearbeitung sind standardmäßig der ZUGRIFFSFOLGE *0004* (Tabelle 073) zugeordnet (siehe Abbildung 4.32).

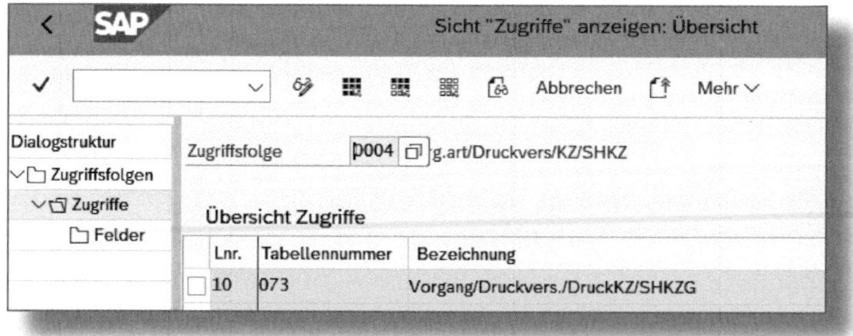


*Abbildung 4.28: Zugriffsfolge und Tabellennummer*

Die TABELLENNUMMER gibt an, welche Felder in der Kondition gepflegt werden müssen.

- **Nachrichtenarten pflegen**

Für die Lohnbearbeitung sind die folgenden Nachrichten vorgesehen:

- WLB1 – für den Einzelschein
- WLB2 – für den Einzelschein mit Prüftext
- WLB3 – für den Sammelschein

Obwohl diese Nachrichtenarten mit dem Standard ausgeliefert werden, sind möglicherweise nicht alle für den Druckvorgang notwendigen Einstellungen getroffen worden. Darum überprüfen Sie die Nachrichtenarten und prägen diese wie unten beschrieben weiter aus.

Abbildung 4.29 bis Abbildung 4.33 zeigen die funktionsfähigen Einstellungen der NACHRICHTENART *WLB1*. Erforderliche Ausprägungen für die Nachrichtenarten *WLB2* und *WLB3* sind in Tabelle 4.1 dargestellt.

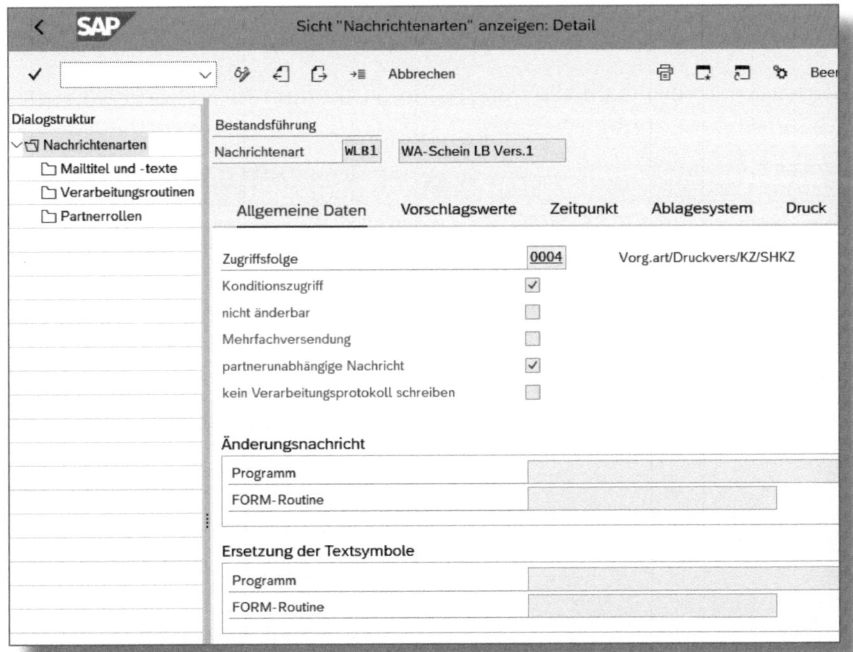


*Abbildung 4.29: Nachrichtenart »WLB1« – allgemeine Daten*

Die in Abbildung 4.30 gezeigten Einstellungen zur VERARBEITUNGSROUTINE sind SAP-Standardprogramme, die sich selbstverständlich durch ein kundeneigenes Programm und Formular ersetzen lassen.

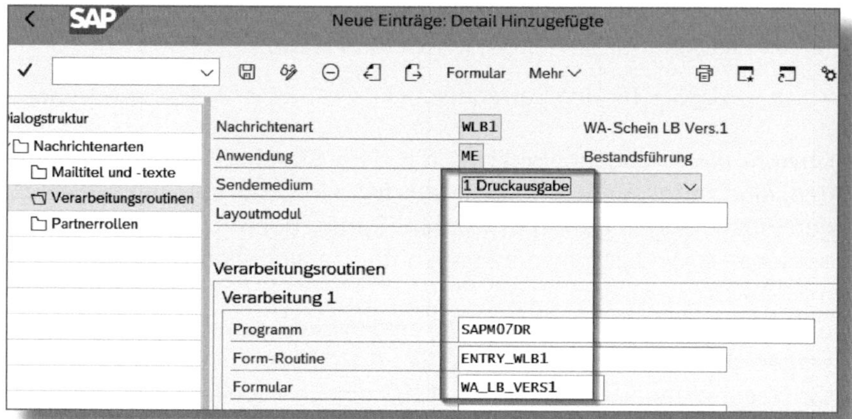


*Abbildung 4.30: Nachrichtenart »WLB1« – Verarbeitungsroutinen*

Tabelle 4.1 vergleicht die Verarbeitungsroutinen für die drei Nachrichtenarten der Lohnbearbeitung.

| Nachrichtenart | Programm | Form-Routing | Formular |
|---|---|---|---|
| WLB1 | SAPM07DR | ENTRY_WLB1 | WA_LB_VERS1 |
| WLB2 | SAPM07DR | ENTRY_WLB2 | WA_LB_VERS2 |
| WLB3 | SAPM07DR | ENTRY_WLB3 | WA_LB_VERS3 |

*Tabelle 4.1: Verarbeitungsroutinen je Nachrichtenart*

Unter PARTNERROLLEN wurde für unser Beispiel die DRUCKAUSGABE gewählt (siehe Abbildung 4.31).

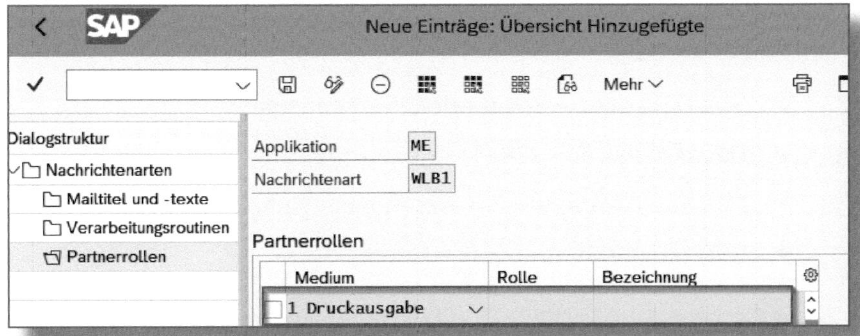


*Abbildung 4.31: Nachrichtenart »WLB1« – Partnerrolle »Druckausgabe«*

▶ **Konditionen pflegen**

Konditionen zählen zu den Stammdaten und werden nicht in andere Systeme transportiert.

Wenn die Nachrichtenarten eingestellt sind, müssen sie mittels der Konditionstechnik im Materialbeleg gefunden werden. Die Konditionen können Sie im Customizing-Schritt SPRO • MATERIALWIRTSCHAFT • BESTANDSFÜHRUNG UND INVENTUR • NACHRICHTENFINDUNG • KONDITIONEN PFLEGEN oder mit der Transaktion *MN21* pflegen.

Mit der Konditionstechnik werden Nachrichtenarten einer Warenbewegung zugeordnet. Abbildung 4.32 zeigt exemplarisch die NACHRICHTENART *WLB1* für den Einzelschein.

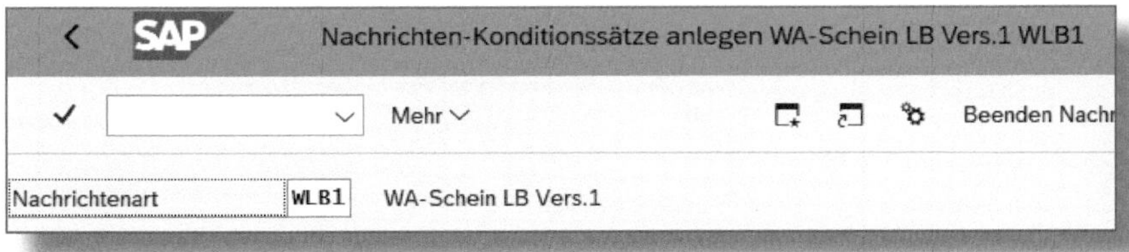


*Abbildung 4.32: Einstieg »Konditionssatz anlegen«*

In der Kondition pflegen Sie die in der Tabellennummer *073* vorgegebenen Felder wie folgt:

- VORGANGSART – WA für den Warenausgang
- DRUCKVERSION – z. B. 1 = Einzelschein
- Position DRUCKEN – 3 = Warenbegleitschein Lohnbearbeitung
- SOLL/HABEN-Kennz. – H = Haben

Zusätzlich können Sie die folgenden Daten vorgeben:

- Medium (M...) – z. B. Druckausgabe
- Zeitpunkt (ZEI...) – z. B. sofort bei Verbuchung
- Sprache (SPR...) – Sprache des Warenbegleitscheins

Wird die Sprache nicht eingetragen, wählt das System die Anmeldesprache für den Druck aus.

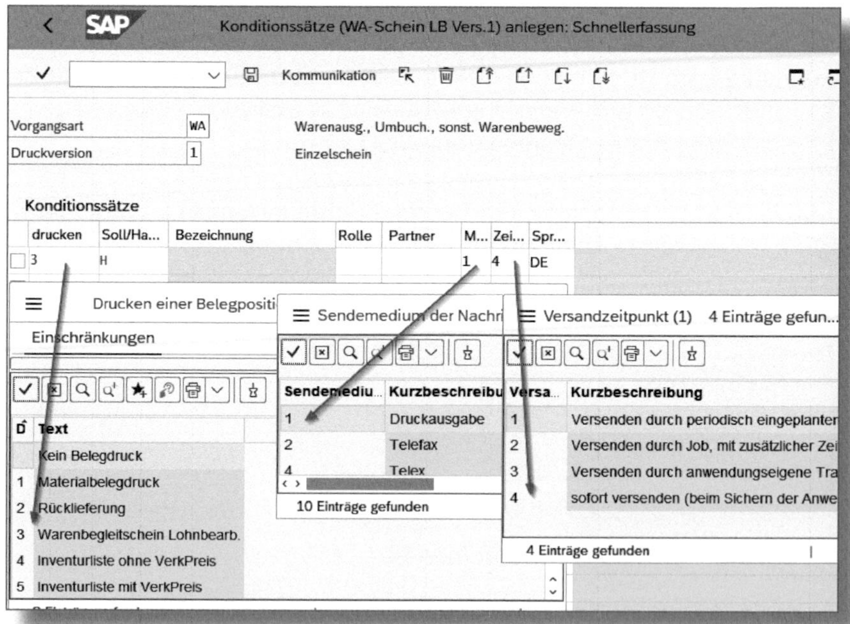


*Abbildung 4.33: Druckeinstellung im Konditionssatz*

In Tabelle 4.2 sehen Sie die Einstellungen der Konditionssätze für die drei Nachrichtenarten.

| Nachrichtenart | Vorgangsart | Version | Druckkz. | Soll/Haben |
|---|---|---|---|---|
| WLB1 | WA | 1 | 3 | H |
| WLB2 | WA | 2 | 3 | H |
| WLB3 | WA | 3 | 3 | H |

*Tabelle 4.2: Einstellung der Kondition je Nachrichtenart*

Mit dem Button Kommunikation legen Sie im Feld LOGISCHE DESTINATION das Ausgabegerät fest. In Abbildung 4.34 sehen Sie den Drucker *locl* (= persönlicher Windows-Standarddrucker).

Natürlich kann auch eine spezielle Druckerfindung im Customizing eingestellt werden. Dazu wählen Sie den Pfad

SPRO • MATERIALWIRTSCHAFT • BESTANDSFÜHRUNG UND INVENTUR • NACHRICHTENFINDUNG • DRUCKERFINDUNG.

Der Haken bei SOFORT AUSGEBEN besagt, dass direkt gedruckt werden soll. Ist dieser nicht gesetzt, wird der Druckauftrag im Spool gehalten. Welche Druckaufträge im Spool vorgehalten werden, finden Sie mit der Transaktion *SP01*.

*Abbildung 4.34: Ausprägung der Kommunikation*

### 4.2.3 Prozessablauf mit Bezug zur Umlagerungsreservierung

In der Disposition (*MD04*) wurden eine oder auch mehrere Umlagerungsreservierungen (MR-RES) aus dem Werk in den Dispobereich des Lohnbearbeiters durch den MRP-Lauf erzeugt. Zu einer solchen Umlagerungsreservierung soll nun der Warenausgang der Beistellkomponenten mit einem Warenbegleitschein gebucht werden.

Im Lohnbearbeitungs-Cockpit (*ME2ON*) findet sich die Umlagerungsreservierung im Abschnitt ZUGANG ÜBER UMLAGERUNGSRESERVIERUNG wieder. Wie schon in Abschnitt 4.1.3 beschrieben, markieren Sie die zum Warenausgang anstehenden Reservierungen und wählen den Button Warenausgang buchen.

Im Hintergrund wird ein Materialbeleg mit der Bewegungsart *541 = WA Lager an LB-Lief* erzeugt. Der Lagerbestand im Werk wird sofort reduziert und der Lohnbeistellbestand im Dispobereich des Lieferanten erhöht (siehe Abbildung 4.35).

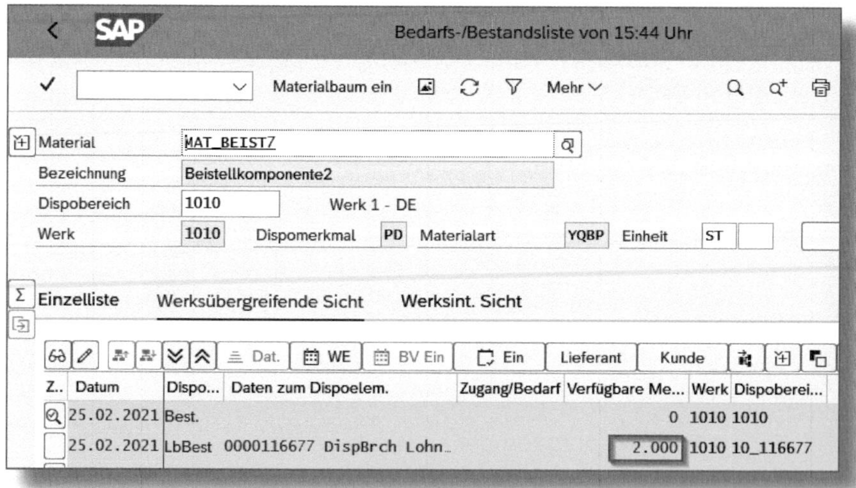


*Abbildung 4.35: MD04 mit Bestand im Dispobereich des LB*

Ist der Warenausgangsbeleg gebucht, wird nach dem Auffrischen des LOHNBEARBEITUNGS-COCKPITS *(ME2ON)* die Erhöhung des Beistellbestands im Abschnitt GESAMTLIEFERANTENBEISTELLBESTAND angezeigt (siehe Abbildung 4.36); der Gesamtlieferantenbeistellbestand wird so wie in der MD04 mit *2.000* Stück angegeben.

Lohnbearbeitungs-Cockpit

Warenausgang buchen | Lieferung anlegen

| Lieferant | Lieferant/Lieferwerk | Material | Materialkurztext | Werk | Auf / Zu | Beschreibung Summenzeile | Menge | verf. Be... | Dokumentennummer | Positi... | Pos./Ne |
|---|---|---|---|---|---|---|---|---|---|---|---|
| 116677 | Lohnbearbeiter Klausmey... | MAT_BEIST2 | Beistellkomponent... | 1010 | | Gesamtlieferantenbeistellbesta... | | 0 | | | |
| | Lohnbearbeiter Klausmey... | | | | | Bedarfe über LB-Bestellungen | 4.000- | 4.000- | | | |
| | Lohnbearbeiter Klausmey... | | | | | Zugang über Umlagerungsreser... | 4.000 | 0 | | | ■ |
| | Lohnbearbeiter Klausmey... | MAT_BEIST7 | Beistellkomponent... | | | Gesamtlieferantenbeistellbesta... | | 2.000 | | | |
| | Lohnbearbeiter Klausmey... | | | | | Bestandsdetails | 2.000 | 0 | | | |
| | Lohnbearbeiter Klausmey... | | | | | Bedarfe über LB-Bestellungen | 2.000- | 0 | | | ■ |
| | Lohnbearbeiter Klausmey... | | | | | | 2.000 | 0 | 4500004043 | 10 | |

*Abbildung 4.36: LB-Cockpit nach Buchen des Warenausgangs*

Dem Materialbeleg ist im Customizing ein Warenbegleitschein zugeordnet, der anhand der Nachrichtenkondition ermittelt wurde. Durch die Zuordnung der Druckversion zur Transaktion *ME2ON* im Customizing wird in der Abbildung 4.37 der Einzelschein gefunden.

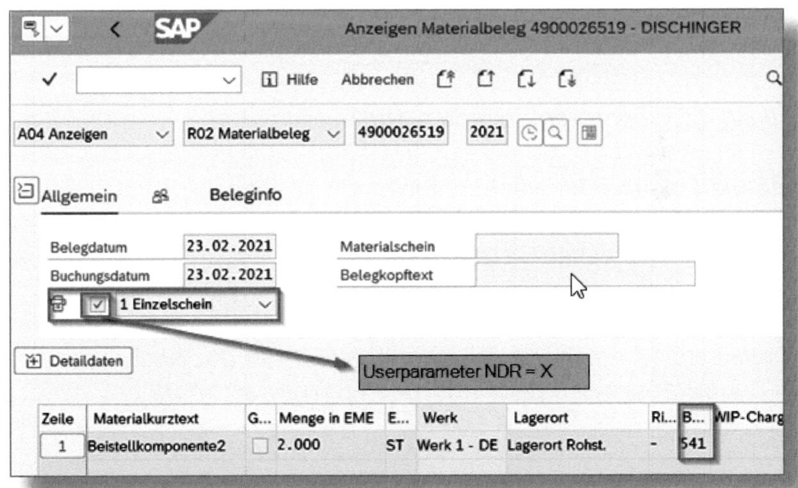


*Abbildung 4.37: Materialbeleg mit automatischem Druck des Warenbegleitscheins*

Damit auch der Haken bei DRUCK ÜBER NACHRICHTENSTEUERUNG automatisch gesetzt wird (siehe Abbildung 4.37), pflegen Sie den BENUTZERPARAMETER *NDR* mit der Bewertung *X* (Großbuchstabe) in den Benutzerdaten. Der BENUTZERPARAMETER wird in den *eigenen Daten* gesetzt. Dazu folgen Sie dem Pfad SYSTEM • BENUTZERVORGABEN • BENUTZERDATEN oder rufen die Transaktion *SU3* auf.

Auf dem Reiter **Parameter** tragen Sie den Parameter *NDR* ein (siehe Abbildung 4.38).

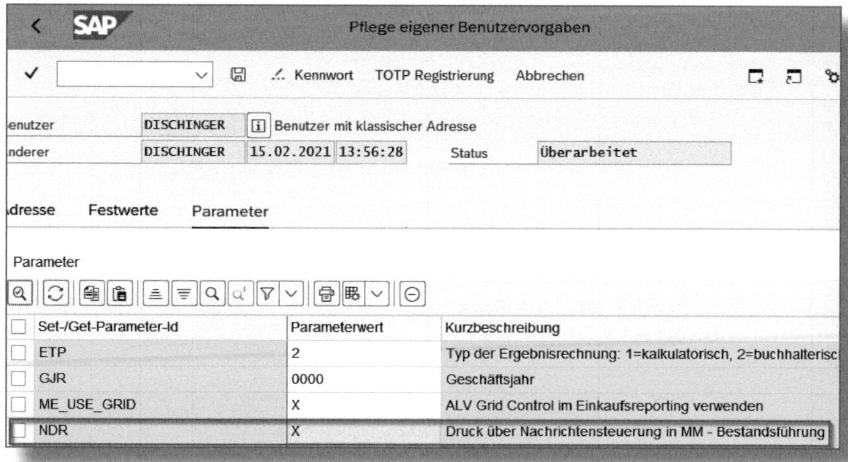


*Abbildung 4.38: Benutzerparameter »NDR«*

Sobald die Findung der Nachrichtenkondition eingestellt ist, wird die Drucknachricht gefunden und im Materialbeleg angezeigt (siehe Abbildung 4.39). Hier sehen Sie exemplarisch die DRUCKVERSION *3 = Sammelschein*.

Die Druckversion bestimmt die Nachrichtenart in der Nachrichtenfindung: DRUCKVERSION = *3* bedeutet NACHRICHTENART *WLB3*.

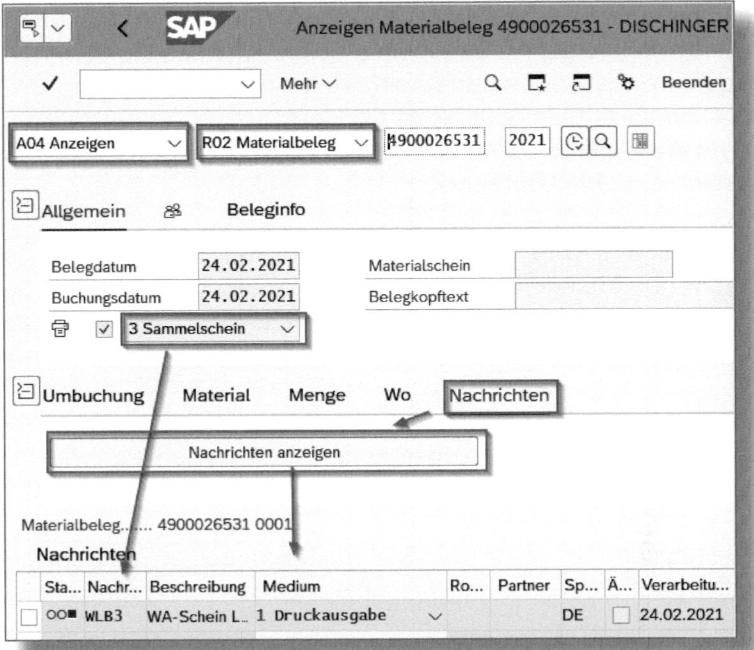


*Abbildung 4.39: Anzeige der Drucknachricht im Materialbeleg*

## 4.2.4 Prozessablauf mit Bezug zur LB-Bestellung des Kopfmaterials

Wenn Sie die Auslieferung der Beistellkomponenten mit Bezug zur LB-Bestellung des Kopfmaterials anlegen möchten, markieren Sie im Lohnbearbeitungs-Cockpit *(ME2ON)* im Abschnitt BEDARFE ÜBER LB-BESTELLUNGEN die entsprechenden Bestellungen.

Auch hier können mehrere Bestellungen selektiert werden, indem Sie den Button Warenausgang buchen wählen.

Im Mengenvorschlag zum Warenausgang erhalten Sie die Menge für die Beistellkomponente, die durch die Stücklistenauflösung in der LB-Bestellposition des Kopfmaterials ermittelt worden ist (siehe Abbildung 4.24). Im gezeigten Beispiel ist die Liefermenge der Beistellkomponente im Werk gleich der Bedarfsmenge der Beistellkomponente im Dispobereich des Lohnbearbeiters.

Der Warenausgang wird, sofern ausreichend frei verwendbarer Bestand im Werk vorhanden ist, mit der errechneten Beistellmenge gebucht. Bei einem ungenügenden Bestand im Werk wird der Warenausgang automatisch nur mit der verfügbaren Menge gebucht.

Im Hintergrund wird ein Materialbeleg mit der Bewegungsart *541 = WA Lager an LB-Lief* erzeugt. Der Lagerbestand wird umgehend reduziert und der Lohnbeistellbestand im Dispobereich des Lieferanten erhöht.

Die LB-Bestellnummer ist in der Materialbelegposition referenziert, sodass diese auf den Warenbegleitschein angedruckt werden könnte.

In der LB-Bestellposition des Kopfmaterials wird im Reiter Bestellentwicklung der Materialbeleg der Warenausgangsbuchung **nicht** aufgeführt.

## 4.3 Zweischrittverfahren

Sie wählen das *Zweischrittverfahren* aus, wenn Sie die Beistellkomponenten für den Zeitraum des Transports zum Lohnbearbeiter im Transitbestand führen möchten. Mit der Wareneingangsbuchung (WE-Buchung) der Beistellkomponenten beim Lieferanten wird der Transitbestand automatisch in den Lieferantenbeistellbestand im Dispobereich des Lohnbearbeiters umgebucht. Mit diesem Zweischrittverfahren ist es möglich, Warenmengen zu überwachen, die unterwegs zum Lohnbearbeiter sind.

Die Nutzung dieses Verfahrens ist aber nur dann sinnvoll, wenn der Lohnbearbeiter in der Weise mit Ihrem SAP-System verbunden ist, dass dessen WE-Buchung automatisiert übertragen wird. Dies kann mit dem Einsatz der SAP-Komponente *Supply Network Collaboration (SNC)* gelingen. Ohne Anbindung des Lohnbearbeiters an Ihr System müssen Sie den Wareneingang selbst buchen.

Die Buchungsreihenfolge für das Zweischrittverfahren beschreiben die beiden folgenden Abschnitte.

## 4.3.1 Umbuchung aus dem Lagerort des Werks in den Transferbestand des Lohnbearbeiters

Rufen Sie die Transaktion *ME02N* auf und wählen Sie entweder die Option Lieferung anlegen für die Lieferung mit Lieferschein oder Warenausgang buchen für den Warenausgang mit Warenbegleitschein.

Im Liefervorschlag (siehe Abbildung 4.40) stellen Sie sicher, dass die BEWEGUNGSART *30A* eingeblendet ist. Entweder Sie vergeben diese Bewegungsart manuell oder Sie sorgen im Customizing des Versands dafür, dass die BEWEGUNGSART *30A* dem EINTEILUNGSTYP *LB* zugeordnet ist und damit im Liefervorschlag automatisch gefunden werden kann (siehe dazu Abbildung 4.11).

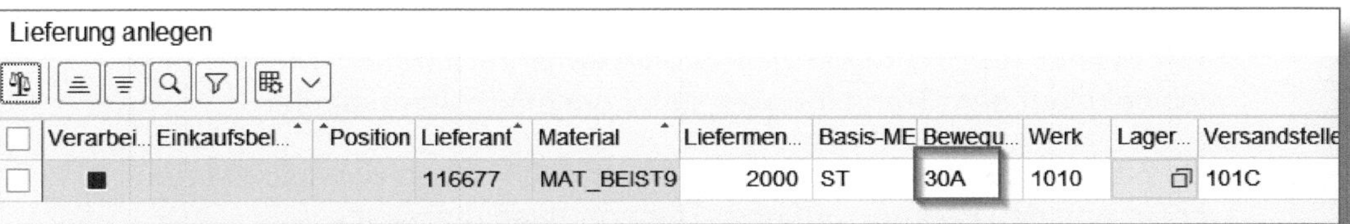


*Abbildung 4.40: Liefervorschlag in der ME2ON mit BWA 30A*

Zur angelegten Lieferung wird der Warenausgang gebucht.

In der *MD04* ist die Lieferung nach der Warenausgangsbuchung aus dem Werk verschwunden, während der Lieferantenbeistellbestand um die Liefermenge erhöht wurde (siehe Abbildung 4.41).

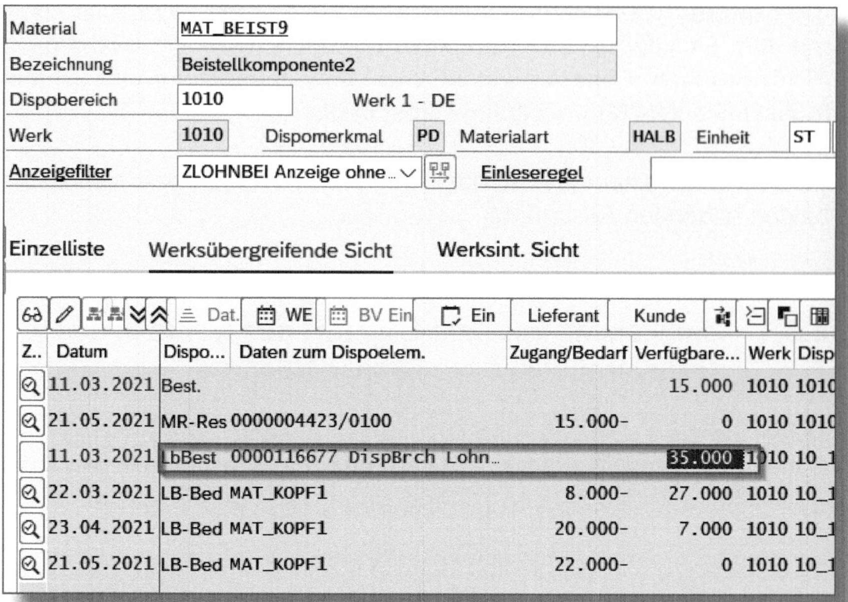


*Abbildung 4.41: MD04 nach WA-Buchung*

Der Lieferantenbeistellbestand ist aus Sicht der Disposition des liefernden Werks beim Lieferanten dispositiv verfügbar. Zu beachten ist aber, dass sich der Lieferantenbeistellbestand zusammensetzt aus dem Beistellbestand direkt beim Lohnbearbeiter und der Menge, die sich noch auf dem Transportweg zum Lohnbearbeiter befindet.

Aus Sicht der Bestandsführung wird demnach in den Beistellbestand vor Ort und den Bestand auf dem Transportweg unterteilt.

In der Bestandsübersicht zum Material, Transaktion *MMBE*, wird die sich auf dem Transportweg befindliche Liefermenge in der BESTANDSART *Umlagerung Lohnbeistellung* dargestellt.

Mit einem Doppelklick auf den Lieferantenbeistellbestand springen Sie in diese Bestandsart (siehe Abbildung 4.42).

Auch im Lohnbearbeitungs-Cockpit *(ME2ON)* wird die Umlagerung der Lohnbeistellung separat ausgewiesen, wie Sie in Abbildung 4.43 sehen können.

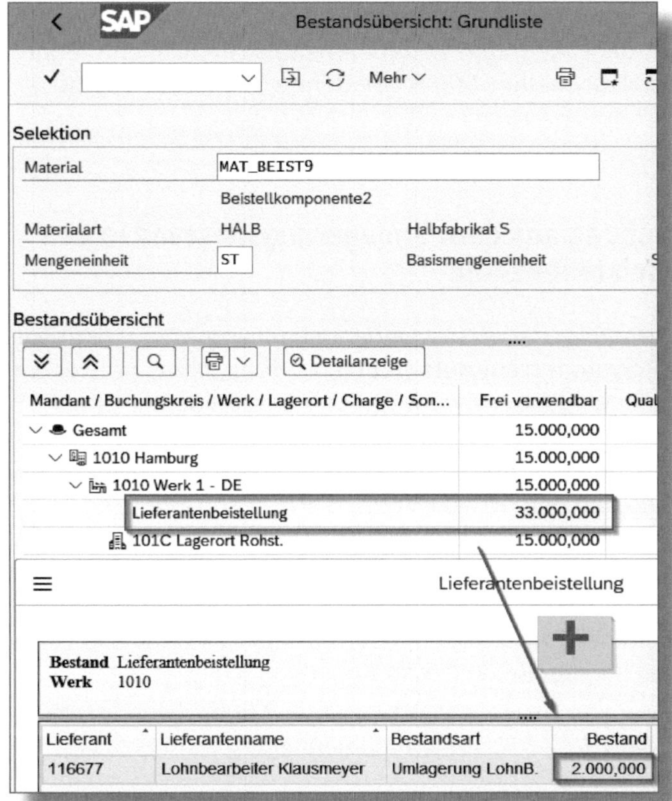


*Abbildung 4.42: Bestandsübersicht mit Umlagerung der Beistellkomponenten*

Lohnbearbeitungs-Cockpit

| Lieferant | Lief... | Material | Bezeich | Werk | Au | Beschreibung Summenzeile | Menge | verf. Best | LB Umlagerung |
|---|---|---|---|---|---|---|---|---|---|
| 116677 | Lo... | MAT_BEIST9 | Beistellk... | 1010 | | Gesamtlieferantenbeistellbestand | | 33.000 | 2.000,000 |
| | Lo... | | | | | Bedarfe über LB-Streckenbanfen | 50.00... | 17.000- | 2.000 |
| | Lo... | | | | | Zugang über Umlagerungsreservieru... | 15.000 | 2.000- | 2.000 |

*Abbildung 4.43: LB-Cockpit mit Umlagerungsbestand*

Des Weiteren lassen sich die Beistellbestände beim Lohnbearbeiter und die sich auf dem Weg zum Lohnbearbeiter befindlichen Mengen sehr gut mit der Transaktion *MBLB* (Bestände beim Lohnbearbeiter) auswerten.

### 4.3.2 Umbuchung aus dem Umlagerungsbestand in den Lohnbeistellbestand

Wenn die Übertragung der Wareneingangsbuchung vom Lohnbearbeiter in Ihr SAP-System nicht automatisiert erfolgt, ist es notwendig, dass Sie den Wareneingang selbst in den Lohnbeistellbestand buchen.

Zu diesem Zweck wählen Sie die Transaktion *MIGO* mit der AKTION *A08 = Umbuchung* und dem REFERENZBELEG *R10 = Sonstige*. Zudem ist für diesen Vorgang die BEWEGUNGSART *30C* mit dem Sonderbestandskennzeichen *O = Lohnbeistellbestand* zu pflegen.

Füllen Sie die weiteren Transaktionsfelder MATERIAL, MENGE und LIEFERANT und buchen Sie den Beleg (siehe Abbildung 4.44).

Mit dieser Buchung wird der Umlagerungsbestand reduziert und der Lieferantenbeistellbestand erhöht.

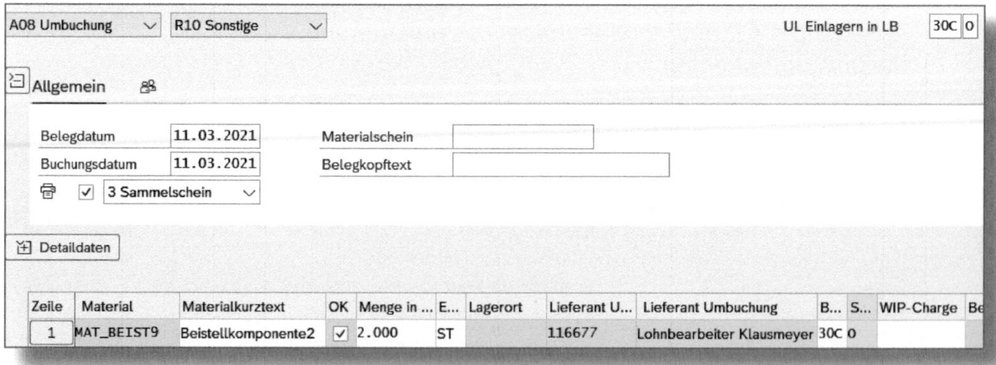


*Abbildung 4.44: Wareneingangsbuchung in den Lohnbeistellbestand*

# 5 Lohnbearbeitung mit Lieferung der Beistellkomponenten durch den Lieferanten

**Nachfolgend betrachten wir den Prozess der Lohnbearbeitung mit der direkten Lieferung der Beistellkomponenten zum Lohnbearbeiter durch einen Lieferanten. Dieser Prozess wird *Lohnbearbeitungsstreckenabwicklung* genannt.**

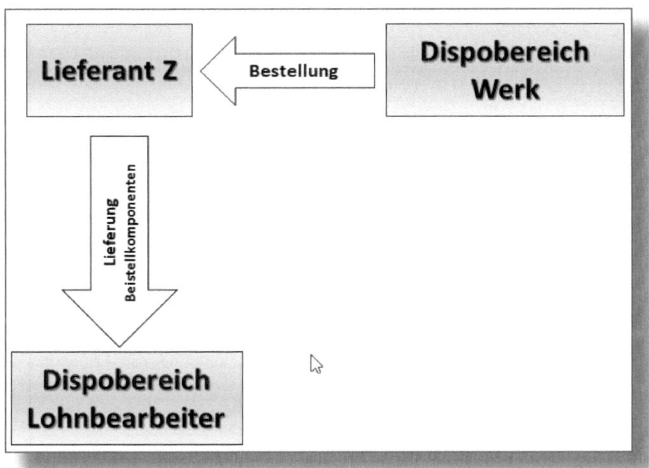


*Abbildung 5.1: Lohnbearbeitungsstreckenabwicklung*

## 5.1 Voraussetzung »Stammdaten«

Im Materialstamm des Kopfmaterials wurde der SOBSL *30 = Lohnbearbeitung* gepflegt und eine Stückliste mit mindestens einer Beistellkomponente angelegt. Das Kopfmaterial und auch die Beistellkomponente werden im Werk fremdbeschafft; daher ist die BESCHAFFUNGSART im Materialstamm für beide Materialien mit dem Wert *F* ausgeprägt. Dem Kopfmaterial ist ferner eine Fertigungsversion zugeordnet.

Der Beistellkomponente ist der Dispobereich zum Lohnbearbeiter zugeordnet, der SOBSL in diesem Dispobereich wurde mit *20 = Fremdbeschaffung* gepflegt. Infolgedessen erfolgt die Planung der Beistellkomponente im Dispobereich des Lohnbearbeiters.

Sowohl die Fertigungsversion des Kopfmaterials als auch die automatische Bezugsquellenfindung sind im Infosatz des Kopfmaterials zum Lieferanten hinterlegt (siehe auch Abschnitt 1.6).

## 5.2 Voraussetzung »Customizing«

Im Customizing muss der Sonderbeschaffungsschlüssel für die Fremdbeschaffung mit direkter Anlieferung beim Lohnbearbeiter angelegt sein. Die Steuerung übernimmt dabei das Feld BESCHAFFUNGSART mit der Ausprägung *F = Fremdbeschaffung* (siehe Abbildung 5.2).

*Abbildung 5.2: Ausprägung des SOBSL 20 (Fremdbeschaffung)*

Der SOBSL 20 sollte in der Standardauslieferung als Sonderbeschaffungsschlüssel für die Fremdbearbeitung vorhanden sein. Ist dies nicht der Fall, finden Sie die Einstellungen für den SOBSL unter

SPRO • PRODUKTION • BEDARFSPLANUNG • STAMMDATEN • SONDERBESCHAFFUNGSART FESTLEGEN.

## 5.3 Prozessablauf

### 5.3.1 Bedarf zum Kopfmaterial

Das Kopfmaterial hat einen Bedarf erhalten. Der MRP-Lauf deckt diesen Bedarf mit einer LB-Banf bzw. später mit einer LB-Bestellung (POSITIONSTYP *L*).

Das System konnte die Beistellkomponenten durch die Pflege der Fertigungsversion des Kopfmaterials und den Lieferanten durch die Pflege der automatischen Bezugsquellenfindung im Infosatz finden.

### 5.3.2 MRP-Lauf – Stücklistenauflösung

Wir betrachten nun die aktuelle Bedarfs- und Bestandsliste der Beistellkomponente (*MD04*) in der WERKSÜBERGREIFENDEN SICHT (siehe Abbildung 5.3).

Die Stückliste des Kopfmaterials wird aufgelöst, die Banf-Position des Kopfmaterials gibt den Bedarf als *LB-Bed = Beistellbedarf* an die Beistellkomponente in den Dispobereich des Lohnbearbeiters weiter (siehe Abbildung 5.3).

Dies wirkt sich wie folgt aus:

**Im Dispobereich des Lieferanten entstehen:**

❶ LB-BED = Beistellbedarf für die Beistellkomponente aus der Banf-Position des Kopfmaterials,

❷ BE-ANF = Bestellanforderung für die externe Beschaffung.

**Im Werksdispobereich:**

Der Dispobereich des Werks enthält keine Informationen über den Bedarf an Beistellkomponenten, die Planung der Beistellkomponenten findet ausschließlich im Dispobereich des Lohnbearbeiters statt.

*Abbildung 5.3: MD04 der Beistellkomponente*

In der Spalte START-/FREIGABETERMIN finden Sie das Datum, an dem die Banf der Beistellkomponente spätestens in eine Bestellung umgesetzt werden muss, um den Bedarfstermin erfüllen zu können. Die Berechnung des START-/FREIGABETERMINS sowie das Vorgehen zum Einblenden dieser Spalte in der *MD04* habe ich in Abschnitt 2.3.1 beschrieben.

### 5.3.3 Terminierung des Beistellbedarfs

Der Bedarfstermin des LB-Bed im Dispobereich ist früher angesetzt als der eigentliche Bedarfstermin des Kopfmaterials. Die Zeitdifferenz zwischen beiden Terminen ergibt sich aus dem Bedarf des Kopfmaterials abzüglich der Planlieferzeit, die entweder aus dem Infosatz oder aus dem Materialstamm der Beistellkomponente gezogen wird, der Wareneingangsbearbeitungszeit und der Bearbeitungszeit im Einkauf (siehe Abschnitt 13.7).

### 5.3.4 Bestellung zum Lieferanten

Die Banf wird nun in eine Bestellung umgesetzt. Diese Bestellung wird *Lohnbearbeitungsstreckenbestellung* genannt. Mit der Bestellung erhält der Lieferant der Beistellkomponente seinen Kundenauftrag.

In unserem Beispiel wurde die Banf mittels der Einzelverarbeitung in der aktuellen Bedarfs- und Bestandsliste *(MD04)* in eine Bestellung umgesetzt. Im Tagesgeschäft erfolgt die Umsetzung, eventuell verbunden mit einem Freigabeprozess, allerdings vorzugsweise massenhaft oder gar automatisch. Die Vorgehensweise für eine Massen- oder automatische Umsetzung von Banfen in Bestellungen entnehmen Sie Abschnitt 13.10.

Aufgrund der Zuordnung der Beistellkomponente zum Dispobereich ist in der Banf und damit auch in der Bestellung die Anlieferadresse des Lohnbearbeiters bekannt (siehe Abbildung 5.4). Die Beistellkomponenten werden direkt vom Lieferanten an den Lohnbearbeiter geliefert. Durch das Setzen des Kennzeichens LB-Lief wird der Wareneingang zur Bestellung unmittelbar in den *Lieferantenbeistellbestand* gebucht.

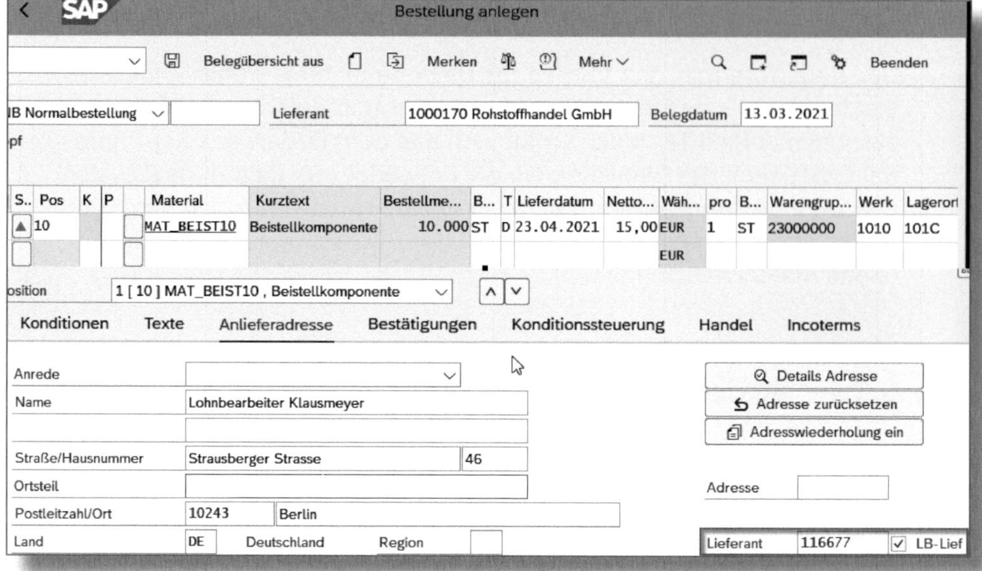


*Abbildung 5.4: Bestellung mit Anlieferadresse des LB-Bearbeiters*

## 5.3.5 Wareneingang der Beistellkomponenten

Der Wareneingang der Lohnbearbeitungsstreckenbestellung beim Lohnbearbeiter muss in Ihrem System gebucht werden.

Für die Wareneingangsbuchung verwenden Sie die Transaktion *MIGO*. Wählen Sie zunächst die AKTION *A01 = Wareneingang* mit dem REFERENZBELEG *R01 = Bestellung* aus. Die BEWEGUNGSART *101* ist für diesen Vorgang voreingestellt. Geben Sie nun die Bestellnummer an und buchen Sie den Beleg.

Mit der Wareneingangsbuchung erhöht sich der lagerneutrale Lieferantenbeistellbestand im Dispobereich und damit auch der bewertete Bestand auf Werksebene (siehe Abbildung 5.5).

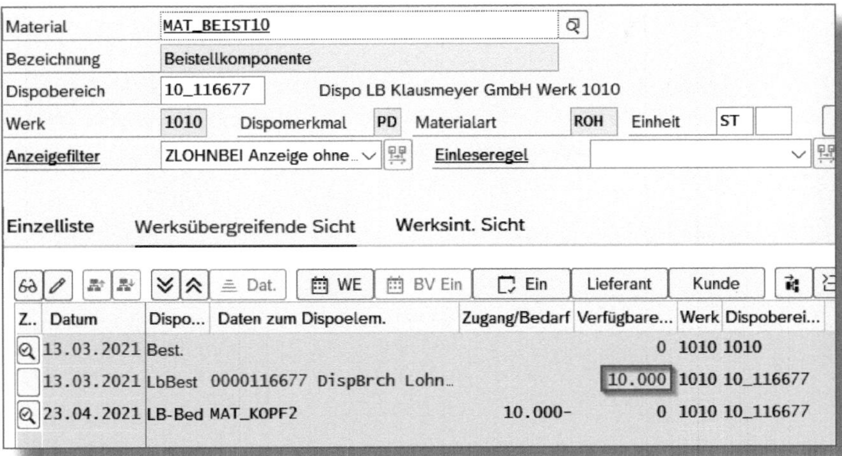


*Abbildung 5.5: MD04 – Beistellkomponente nach Wareneingangsbuchung der Lohnbearbeitungsstreckenbestellung*

**Anbindung des Lohnbearbeiters**

Es ist sinnvoll, den Lohnbearbeiter in der Weise an Ihr System anzubinden, dass dessen Wareneingangsbuchung automatisiert an Ihr System übertragen wird. Hierzu bietet sich beispielsweise die SAP-Komponente SNC an.

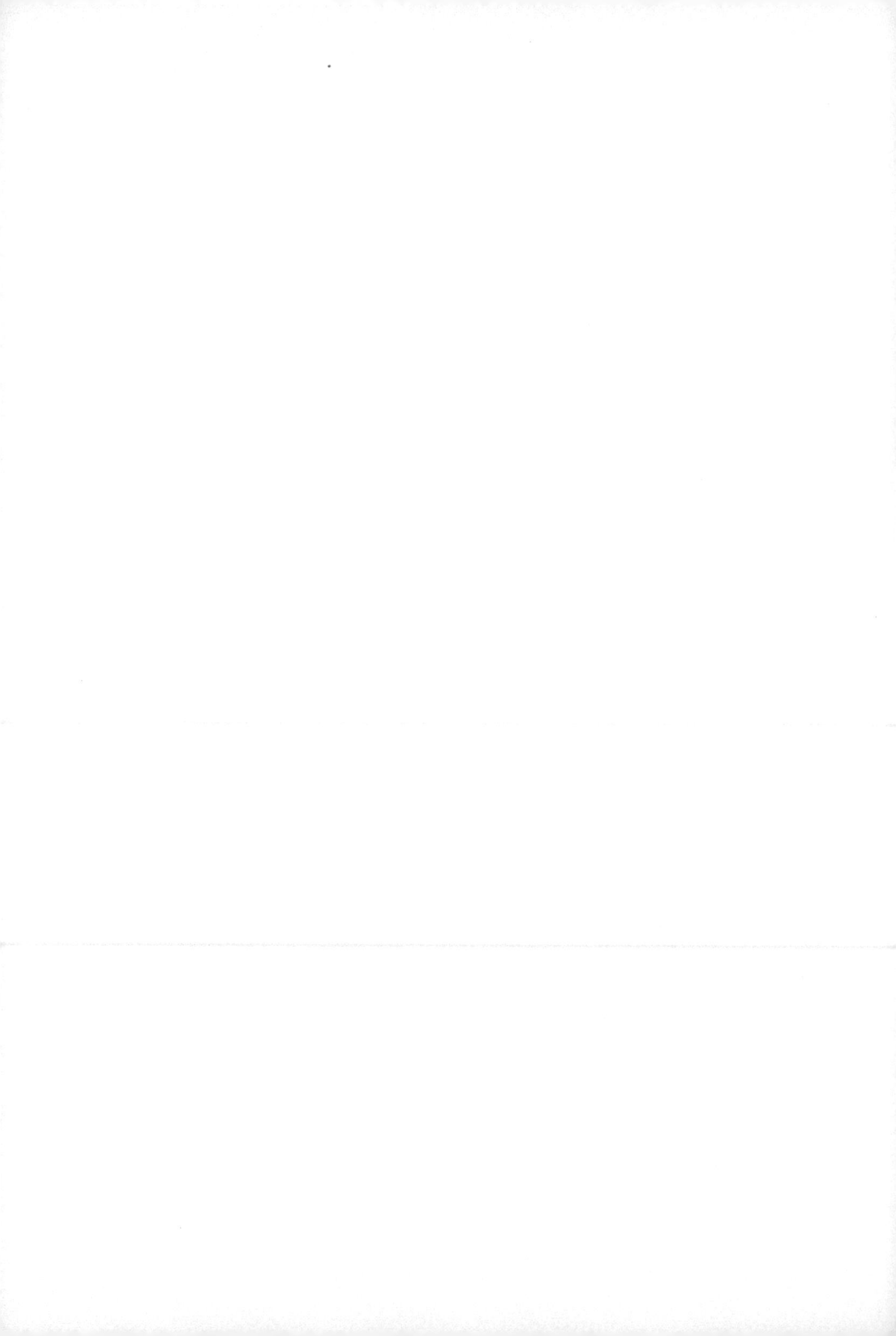

# 6 Wareneingang des Kopfmaterials

**In diesem Kapitel widmen wir uns dem Wareneingangsprozess nach erfolgter Durchführung der Dienstleistung des Lohnbearbeiters. Sie lernen zum einen den Prozess und zum anderen die notwendigen Einstellungen im Customizing kennen.**

## 6.1 Voraussetzung »Customizing«

Wenn Sie das Kopfmaterial der Lohnbearbeitung mit der PREISSTEUERUNG *S = Standardpreis* führen, können Sie im Customizing die Verbuchung von Preisdifferenzen je Kostenrechnungskreis für den Wareneingang zur Lohnbearbeitungsbestellung festlegen. Diese Einstellung nehmen Sie vor, wenn die Differenz zwischen Standardpreis und Zugangswert als Preisdifferenz gebucht werden soll.

Den Pfad zur Einstellung finden Sie im Customizing-Pfad

SPRO • MATERIALWIRTSCHAFT • BESTANDSFÜHRUNG UND INVENTUR • WARENEINGANG • PREISDIFFERENZEN FÜR WE ZUR LOHNBEARBEITUNG.

## 6.2 Prozessablauf

Der Wareneingangsprozess umfasst den Wareneingang des Kopfmaterials und die Warenausgangsbuchung für die Beistellkomponenten.

Der Wareneingang kann per Anlieferung mit der Transaktion *VL31N* oder per Materialbeleg mit der Transaktion *MIGO*, AKTION *A01 = Wareneingang*, REFERENZBELEG *R01 = Bestellung* gebucht werden.

Zur Vereinfachung der Darstellung und weil die Lagerverwaltung in diesem Buch keine Rolle spielt, werden der Wareneingangsprozess und dessen Spezifik in der Lohnbearbeitung nur anhand der Transaktion *MIGO* erklärt.

Die Wareneingangsbuchung wird mit Bezug zur LB-Bestellung durchgeführt. Das System ermittelt für jede Position mit dem POSITIONSTYP *L* in der Bestellposition die Beistellkomponenten und deren Mengen (siehe Abbildung 6.1). Die Menge je Beistellkomponente ergibt sich aus der Stücklistenauflösung in der LB-Bestellposition. Diese automatisch ermittelten Mengen im Wareneingangsbeleg können manuell angepasst werden. Sollte dies zunehmend erforderlich sein, muss zwingend die Stückliste verändert oder die Fertigungsversion im Infosatz des Kopfmaterials überprüft werden.

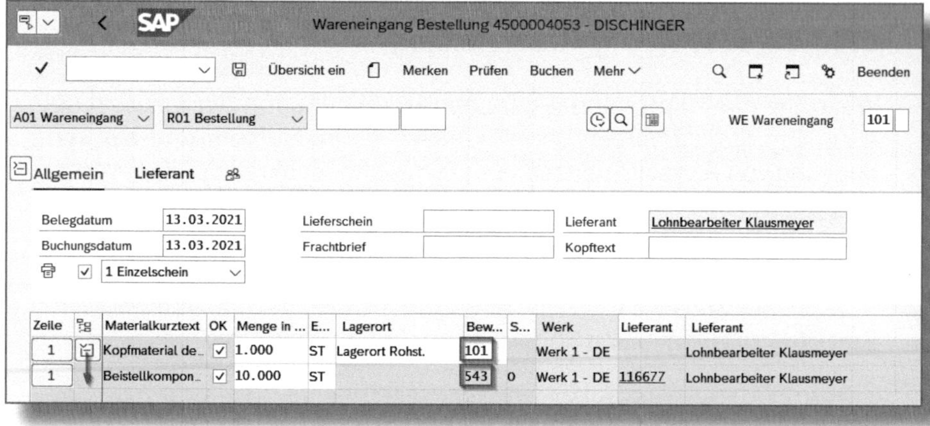


*Abbildung 6.1: Wareneingangsbuchung*

Mit der Wareneingangsbuchung erhält das Kopfmaterial einen Bestandszugang in den Lagerort des Werks, die Beistellkomponenten erhalten einen Ausgang aus dem Lieferantenbeistellbestand. Das heißt, für das Kopfmaterial wird ein Wareneingang mit der BEWEGUNGSART *101* und für die Beistellkomponenten ein Warenausgang mit der BEWEGUNGSART *543* im SONDERBESTAND *O* (Lieferantenbeistellbestand) gebucht.

Den Materialbeleg zur Wareneingangsbuchung können Sie sich mit der Transaktion MIGO, AKTION *A04 = Anzeigen*, REFERENZBELEG *R02 = Materialbeleg* anzeigen lassen.

Im Materialbeleg finden Sie den Absprung zu den Belegen des Rechnungswesens, die im Hintergrund erzeugt werden (siehe Abbildung 6.2).

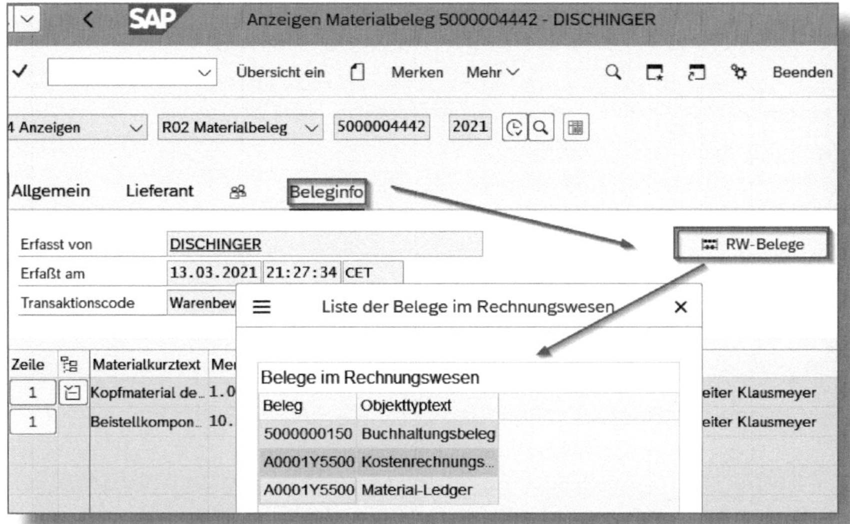


*Abbildung 6.2: Anzeige »Materialbeleg zur WE-Buchung«*

Eine Auflistung aller Materialbelege erhalten Sie mit der Transaktion *MB51 (Materialbeleg anzeigen)*. Aus dieser Listanzeige ist es möglich, direkt in den Materialbeleg abzuspringen.

Der sich aus dem Wareneingang ergebende Lagerbestand wird mit dem Bestellwert für die Dienstleistung des Kopfmaterials und dem Wert der Beistellkomponenten (je nach Preissteuerung im Materialstamm gleitender oder Standardpreis) bewertet.

In der Bestellung zeigt sich die Wareneingangsbuchung je Bestellposition im Reiter **Bestellentwicklung** . In dieser Ansicht werden die Wareneingangsmenge und der Betrag der Dienstleistung für das Kopfmaterial dargestellt (siehe Abbildung 6.3).

Die Verbrauchsbuchung der Beistellkomponenten finden Sie in der untergeordneten Sicht **LB-Verbräuche** des Reiters BESTELLENTWICKLUNG. Die untergeordneten Sichten öffnen Sie über den Button [icon].

In dieser Ansicht sind die Warenausgangsmenge und der Wert der Beistellkomponenten dargestellt (siehe Abbildung 6.4).

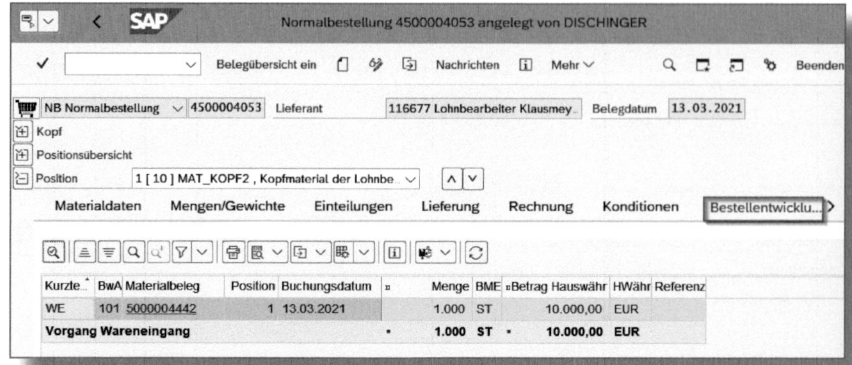


*Abbildung 6.3: Bestellentwicklung nach Wareneingangsbuchung*

*Abbildung 6.4: Untergeordnete Sicht der LB-Verbräuche*

Die Rechnung des Lohnbearbeiters wird mit der Transaktion *MIRO (Eingangsrechnung hinzufügen)* gebucht und mit der Transaktion *MIR5 (Liste der Rechnungsbelege)* geprüft. Der Zahlungsausgang erfolgt im Anschluss.

Materialien, die durch die Lohnbearbeitung beschafft werden, sollten im Materialstamm mit der Preissteuerung *V = gleitende Preissteuerung* ausgestattet sein, um somit den Lagerbestand im Durchschnitt bewerten zu können.

# 7 Lohnbearbeitung mit Chargen

**Wenn Sie die Chargenverwaltung in Ihrem Unternehmen nutzen, ist es möglich, auch den Beistellkomponenten in der LB-Bestellposition ihre jeweilige Chargeninformation mitzugeben. Das entsprechende Vorgehen stelle ich Ihnen in diesem Kapitel vor.**

Zu beachten ist, dass in der Lohnbearbeitung mit Chargen eine Auslieferung zum Lohnbearbeiter nur mit Bezug zur Bestellung und nicht zur Umlagerungsreservierung durchgeführt werden kann, denn nur mit Bezug zur Bestellung kann die Chargeninformation der Beistellkomponenten weitergegeben werden.

## 7.1 Voraussetzung »Stammdaten«

Der Materialstamm der Beistellkomponenten verfügt in den ALLGEMEINEN DATEN auf dem Reiter Einkauf über das Kennzeichen zur Chargenpflicht (CHARGENVERWALT.).

## 7.2 Voraussetzung »Customizing«

Für unser Beispiel bringt die SAP-S/4HANA-Standardauslieferung alle notwendigen Einstellungen mit.

## 7.3 Prozessablauf

Legen Sie die LB-Bestellung für das Kopfmaterial an. In der Komponentenübersicht werden die Chargen für die Beistellkomponenten entweder automatisch durch die Chargenfindung (Customizing) oder durch eine manuelle Eingabe ergänzt.

Die Auslieferung wird, wie in Kapitel 4 beschrieben, über das LB-Cockpit mit der Transaktion *ME2ON* durchgeführt. Auf dem Selektionsbild des LB-Cockpits können Sie mit dem Kennzeichen ☑ Nach Chargen gruppieren festlegen, ob in der Ergebnisliste die Bedarfe und Bestände nach Chargen gruppiert angezeigt werden sollen. Dadurch erfolgt die Mengenverrechnung innerhalb einer Charge. Bedarfe und Bestände ohne Chargenzuordnung werden in separaten Abschnitten ausgewiesen (siehe Abbildung 7.1).

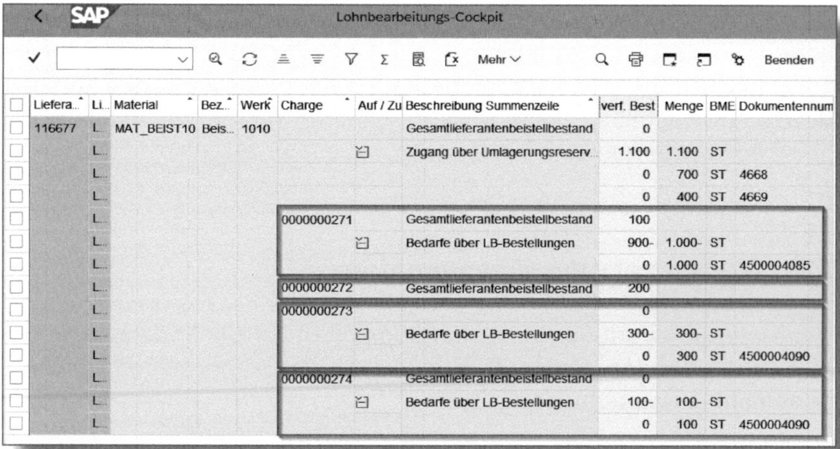

Lohnbearbeitungs-Cockpit

Mehr Beenden

| Liefera... | Li... | Material | Bez... | Werk | Charge | Auf / Zu | Beschreibung Summenzeile | verf. Best | Menge | BME | Dokumentennum |
|---|---|---|---|---|---|---|---|---|---|---|---|
| 116677 | L... | MAT_BEIST10 | Beis... | 1010 | | | Gesamtlieferantenbeistellbestand | 0 | | | |
| | L... | | | | | | Zugang über Umlagerungsreserv... | 1.100 | 1.100 | ST | |
| | L... | | | | | | | 0 | 700 | ST | 4668 |
| | L... | | | | | | | 0 | 400 | ST | 4669 |
| | L... | | | | 0000000271 | | Gesamtlieferantenbeistellbestand | 100 | | | |
| | L... | | | | | | Bedarfe über LB-Bestellungen | 900- | 1.000- | ST | |
| | L... | | | | | | | 0 | 1.000 | ST | 4500004085 |
| | L... | | | | 0000000272 | | Gesamtlieferantenbeistellbestand | 200 | | | |
| | L... | | | | 0000000273 | | | 0 | | | |
| | L... | | | | | | Bedarfe über LB-Bestellungen | 300- | 300- | ST | |
| | L... | | | | | | | 0 | 300 | ST | 4500004090 |
| | L... | | | | 0000000274 | | Gesamtlieferantenbeistellbestand | 0 | | | |
| | L... | | | | | | Bedarfe über LB-Bestellungen | 100- | 100- | ST | |
| | L... | | | | | | | 0 | 100 | ST | 4500004090 |

*Abbildung 7.1: LB-Cockpit – Bestände/Bedarfe gruppiert nach Chargen*

Die Auslieferung legen Sie mit Bezug zur Bestellung an, damit die Chargenangabe der Beistellkomponente vom System in die Lieferposition übernommen werden kann.

Den Wareneingang des Kopfmaterials und auch den Warenausgang der Beistellkomponenten aus dem Lieferantenbeistellbestand buchen Sie wie in Kapitel 6 ausführlich beschrieben.

Im Wareneingangsbeleg werden für die Verbrauchsbuchung der Beistellkomponenten die Chargen aus dem ursprünglichen Bestellbeleg vorgeschlagen. Diese können Sie abändern, falls der Lohnbearbeiter andere Chargen der Beistellkomponenten zur Produktion des Kopfmaterials eingesetzt hat.

# 8 Zeitnahe Verbrauchsbuchung der Beistellkomponenten

**Befassen wir uns nun mit den Besonderheiten der zeitnahen Verbrauchsbuchung der Beistellkomponenten. Wiederum betrachten wir den Prozessablauf sowie die notwendigen Einstellungen im Customizing.**

Soll der Verbrauch der Beistellkomponenten schon unmittelbar nach dem Verbrauch beim Lohnbearbeiter in Ihrem System gebucht werden, wird von einem *zeitnahen Verbrauch* der Beistellkomponenten gesprochen. Anders ausgedrückt: Der Verbrauch der Beistellkomponenten wird unabhängig vom Wareneingang des Kopfmaterials erfasst.

Dieses Vorgehen kann dann von Vorteil sein, wenn der Bearbeitungsprozess beim Lohnbearbeiter längere Zeit in Anspruch nimmt, Sie aber den LB-Bestand der Beistellkomponenten stetig aktualisieren wollen.

Die Kosten des Verbrauchs der Beistellkomponenten werden vorzugsweise auf einen CO-Auftrag gebucht, welcher entweder automatisch während der Buchung in Verbindung mit der SAP-Komponente SNC erzeugt wird oder aufgrund der Kontierung der LB-Bestellposition des Kopfmaterials schon vorhanden ist.

## 8.1 Voraussetzung »Stammdaten«

Im LB-Infosatz des Kopfmaterials müssen Sie, um die zeitnahe Verbrauchsbuchung nutzen zu können, das Feld ZEITNVERB. = *Zeitnahe Verbrauchsbuchung von LB-Beistellkomponenten* pflegen. Die LB-Bestellposition enthält damit automatisch den KONTIERUNGSTYP *F = Auftrag*.

## 8.2 Voraussetzung »Customizing«

Um die zeitnahe Verbrauchsbuchung der Beistellkomponenten nutzen zu können, muss die Business Function *Outsourced Manufacturing LOG_MM_OM_1* in Ihrem System aktiviert sein.

Wenn Sie für Kopfmaterialien im Customizing die Einstellung der Verbuchung von Preisdifferenzen je Kostenrechnungskreis mit der Preissteuerung *S = Standardpreis* vorgenommen haben, können diese Kopfmaterialien für den zeitnahen Verbrauch der Beistellkomponenten nicht mehr verwendet werden, denn die Beistellkomponenten werden unabhängig vom Wareneingang des Kopfmaterials gebucht. Der Wareneingang umfasst dann nur den Wert der Dienstleistung.

Überprüfen Sie dazu Ihre Einstellung im Customizing-Pfad

SPRO • Materialwirtschaft • Bestandsführung und Inventur • Wareneingang • Preisdifferenzen für WE zur Lohnbearbeitung.

Außerdem muss im Controlling der Kontierungsmanager für die Zuweisung des CO-Auftrags zur Bestellposition definiert werden. Die Einstellungen dazu finden Sie im Customizing Pfad

SPRO • Materialwirtschaft • Outsourced Manufacturing • Controlling-Szenario.

## 8.3 Prozessablauf

### 8.3.1 Anlage der LB-Bestellung

Durch das Setzen des Feldes ZeitnVerb. im LB-Infosatz enthält die LB-Bestellposition automatisch den Kontierungstyp *F = Auftrag*. Zudem wird mit dem BAdI *ME_PROCESS_PO* geprüft, ob die LB-Bestellposition für *SNC = Supply Network Collaboration* relevant ist. Ist dies der Fall, erzeugt das System für jede LB-Bestellposition einen CO-Auftrag. Dieser

Auftrag wird durch den Kontierungsmanager einer LB-Bestellposition zugeordnet.

Haben Sie SNC nicht im Einsatz, muss ein CO-Auftrag vor Anlage der Bestellposition manuell angelegt und in der Bestellposition zugeordnet werden.

### 8.3.2 Warenausgangsbuchung der Beistellkomponenten

Im Produktionsprozess beim Lohnbearbeiter werden Beistellkomponenten verbraucht. Ihnen bieten sich nun zwei Optionen für die Buchung des Warenausgangs:

1. Wenn Sie die SAP-Komponente SNC im Einsatz haben, bucht der Lohnbearbeiter dort den Verbrauch der Beistellkomponenten. SAP SNC erzeugt daraufhin eine XML-Nachricht vom Typ MANUFACTURINGWORKORDERPRODUCTIONPROGRESSNOTIFICATION, die an Ihr SAP-System übermittelt wird. Anhand der Inhalte dieser XML-Nachricht bucht Ihr System im Hintergrund den Warenausgangsbeleg.

2. Der Lohnbearbeiter teilt Ihnen den Beistellkomponentenverbrauch mit, und Sie buchen den Warenausgangsbeleg mit Bezug zur Bestellung mit der Transaktion *MIGO* – AKTION *A07 = Warenausgang*, REFERENZBELEG *R01 = Bestellung* und der BEWEGUNGSART *543 O = Verbrauch aus dem Lieferantenbeistellbestand* (siehe Abbildung 8.1).

Die Menge der Beistellkomponenten, die im Warenausgangsbeleg vorgeschlagen wird, ist die Differenz zwischen der ursprünglichen Bedarfsmenge aus der LB-Bestellposition und der schon gelieferten Menge. Diese vorgeschlagene kann an die tatsächlich verbrauchte Menge angepasst, Chargen können gepflegt werden.

Der Wert der Warenausgangsbuchung wird im CO-Auftrag verbucht.

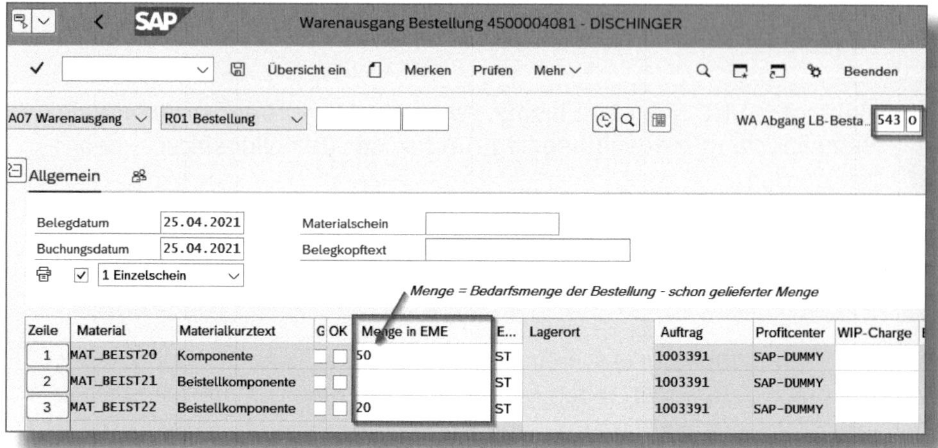


*Abbildung 8.1: Warenausgangsbeleg für zeitnahe Verbrauchsbuchung*

Die Warenausgangsbuchung der Beistellkomponenten wird in der Tabelle *EKBE_SC = Komponentenverbrauchshistorie für Lohnbearbeitung* fortgeschrieben.

> **! Fortschreibung in der Tabelle EKBE_SC**
>
> Der im Zusammenhang mit einer Wareneingangsbuchung des Kopfmaterials gebuchte Komponentenverbrauch wird **nicht** in der Tabelle EKBE_SC fortgeschrieben.

Der Komponentenverbrauch wird in der LB-Bestellposition des Kopfmaterials im Reiter **Bestellentwicklung** in der untergeordneten Sicht **Komp.Verbrauch** dargestellt (siehe Abbildung 8.2).

Auch in den DOKUMENTIERTEN WARENBEWEGUNGEN des CO-Auftrags, dem Kontierungselement der LB-Bestellposition, wird die Warenausgangsbuchung der Beistellkomponenten aufgeführt, wie Sie in Abbildung 8.3 sehen können.

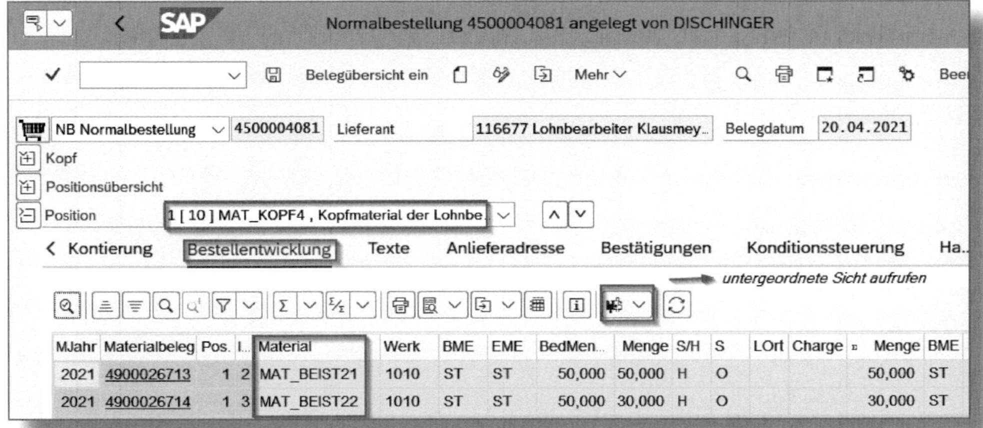


| MJahr | Materialbeleg | Pos. | I... | Material | Werk | BME | EME | BedMen... | Menge | S/H | S | LOrt | Charge | Menge | BME |
|---|---|---|---|---|---|---|---|---|---|---|---|---|---|---|---|
| 2021 | 4900026713 | 1 | 2 | MAT_BEIST21 | 1010 | ST | ST | 50,000 | 50,000 | H | O | | | 50,000 | ST |
| 2021 | 4900026714 | 1 | 3 | MAT_BEIST22 | 1010 | ST | ST | 50,000 | 30,000 | H | O | | | 30,000 | ST |

*Abbildung 8.2: Untergeordnete Sicht der Bestellentwicklung*

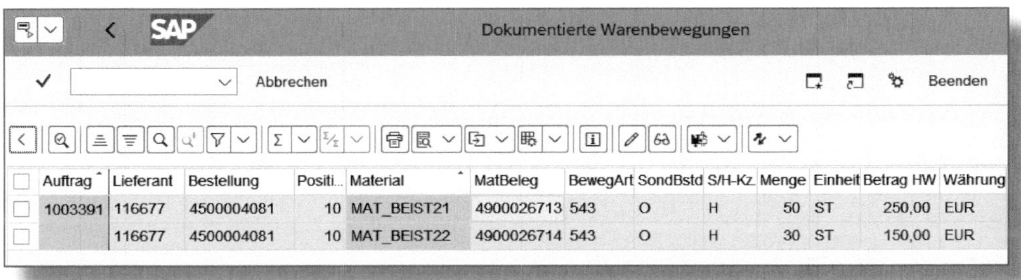


| Auftrag | Lieferant | Bestellung | Positi... | Material | MatBeleg | BewegArt | SondBstd | S/H-Kz | Menge | Einheit | Betrag HW | Währung |
|---|---|---|---|---|---|---|---|---|---|---|---|---|
| 1003391 | 116677 | 4500004081 | 10 | MAT_BEIST21 | 4900026713 | 543 | O | H | 50 | ST | 250,00 | EUR |
| | 116677 | 4500004081 | 10 | MAT_BEIST22 | 4900026714 | 543 | O | H | 30 | ST | 150,00 | EUR |

*Abbildung 8.3: Dokumentierte Warenbewegung im CO-Auftrag*

## 8.3.3 Wareneingangsbuchung des Kopfmaterials

Ist im LB-Infosatz des Kopfmaterials das Feld ZEITNVERB. gesetzt, kann der Komponentenverbrauch nicht mehr über die Wareneingangsbuchung des Kopfmaterials gebucht werden.

Die Beistellkomponenten werden zwar zur Information mit der Menge »0« angezeigt, doch lassen sich Menge und Charge der Beistellkomponenten nicht mehr ändern (siehe Abbildung 8.4).

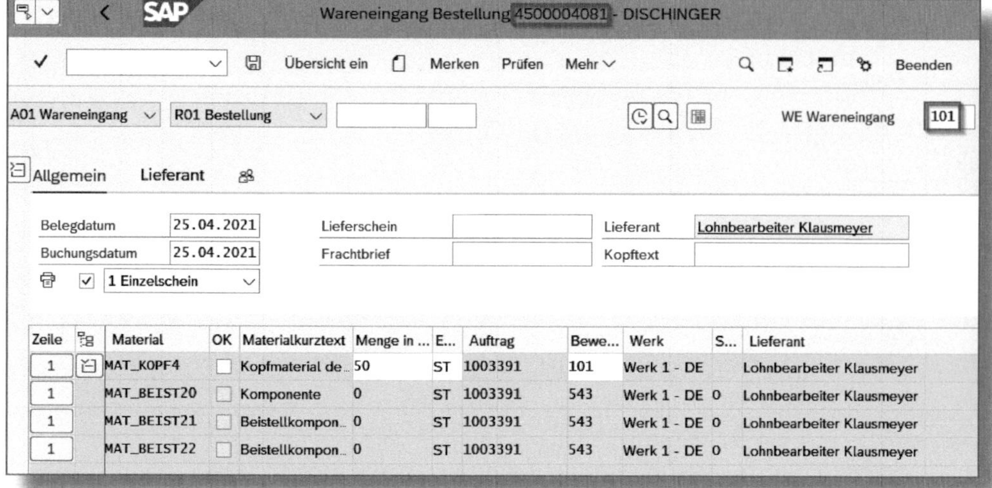


*Abbildung 8.4: Wareneingangsbuchung mit zeitnaher Verbrauchsbuchung*

Der Verbrauch der Beistellkomponenten muss separat gebucht werden.

## 8.4 Komponentenverbrauchshistorie

Die *Komponentenverbrauchshistorie* zeigt nur den zeitnah gebuchten Komponentenverbrauch zu LB-Bestellpositionen an. Sie wird ausschließlich für Einträge der Tabelle *EKBE_SC* angezeigt.

Sie finden die Komponentenverbrauchshistorie im Menüpfad Logistik • Materialwirtschaft • Einkauf • Bestellung • Auswertung oder mit der Transaktion *ME2COMP*.

Alle Komponentenverbräuche, die im Zusammenhang mit der Wareneingangsbuchung zum Kopfmaterial gebucht wurden, werden **nicht** in der Tabelle *EKBE_SC* fortgeschrieben und somit auch **nicht** in der Komponentenverbrauchshistorie angezeigt.

Im Einstiegsbild der Transaktion können Sie nach Kopfmaterial, Lieferant, aber auch nach Beistellkomponenten suchen. Wenn Sie nur im Bereich **Bestelldaten** selektieren, werden Ihnen alle Bestellungen mit oder ohne Komponentenverbrauch aufgelistet. Fügen Sie zudem noch ein Selektionskriterium im Bereich **Komponentenverbrauchshistorie** hinzu, werden nur diejenigen Bestellungen aufgelistet, die einen Komponentenverbrauch aufweisen.

In der Abbildung 8.5 sehen Sie eine Ergebnisliste: Die Komponentenverbrauchshistorie wird je LB-Bestellposition pro Kopfmaterial dargestellt. Das Feld KOMPVERBR. (Komponentenverbrauch) zeigt an, ob eine Verbrauchsbuchung zur Bestellung durchgeführt wurde. Mit Doppelklick auf das Icon [Icon] springen Sie in die Übersicht der verbrauchten Beistellkomponenten ab.

Das Feld BE (Bestellentwicklung) gibt an, ob zur Bestellung schon eine Wareneingangs-, eine Rechnungseingangs- oder eine Verbrauchsbuchung erfolgt ist.

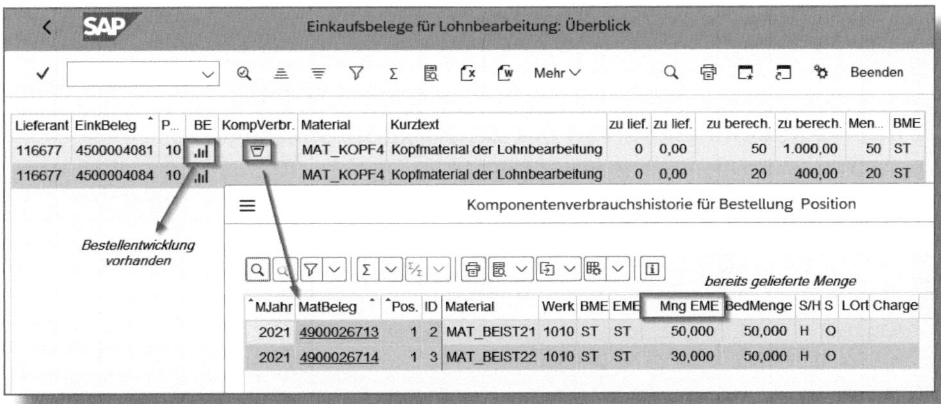


*Abbildung 8.5: Komponentenverbrauchshistorie*

Eine tabellarische Übersicht der Verbräuche der Beistellkomponenten je LB-Bestellposition bietet die Komponentenverbrauchshistorie leider nicht.

Für diese Art der Auswertung empfiehlt es sich, einen Query zur Tabelle EKBE_SC (siehe Abbildung 8.6) mit der Transaktion *SQVI* oder den Transaktionen *SQ01* und *SQ02* anzulegen (siehe Abbildung 8.6), anderenfalls benutzen Sie die Transaktion *ME2SCRAP* (Ausschussanalyse).

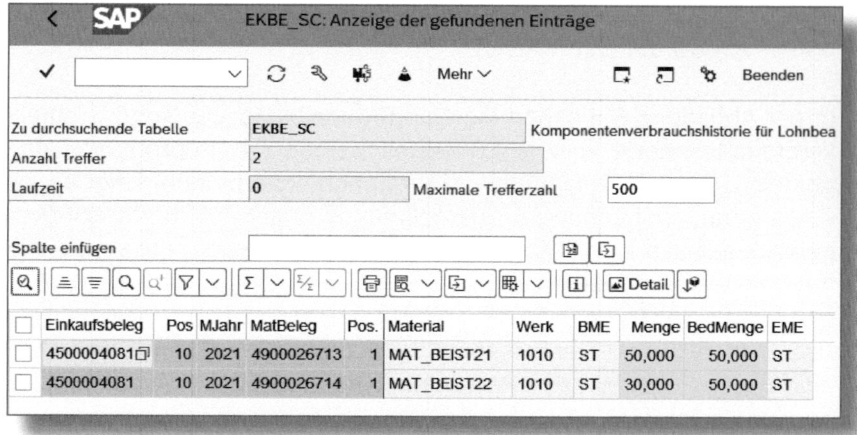


*Abbildung 8.6: Ausschnitt der Tabelle »EKBE_SC«*

## 8.5 Ausschussanalyse der Beistellkomponenten

Ein Ausschuss an verbrauchten Beistellkomponenten wird vom System errechnet, wenn die Warenausgangsmenge der Beistellkomponente größer als ihre Bedarfsmenge ist. Die Bedarfsmenge wird anhand der Stücklistenauflösung zum Kopfmaterial in der LB-Bestellposition errechnet.

Die Ausschussanalyse finden Sie im Menüpfad LOGISTIK • MATERIALWIRTSCHAFT • EINKAUF • BESTELLUNG • AUSWERTUNG oder mit der Transaktion *ME2SCRAP*.

In Abbildung 8.7 sehen Sie die Ergebnisliste einer Ausschussanalyse: Die Beistellkomponenten, deren verbrauchte Menge größer als die Bedarfsmenge ist, erhalten im Feld IST-AUSSCHUSS (%) den Wert der prozentualen Mengenabweichung.

Zudem wird der STATUS der Komponente mit einem roten Punkt gekennzeichnet.

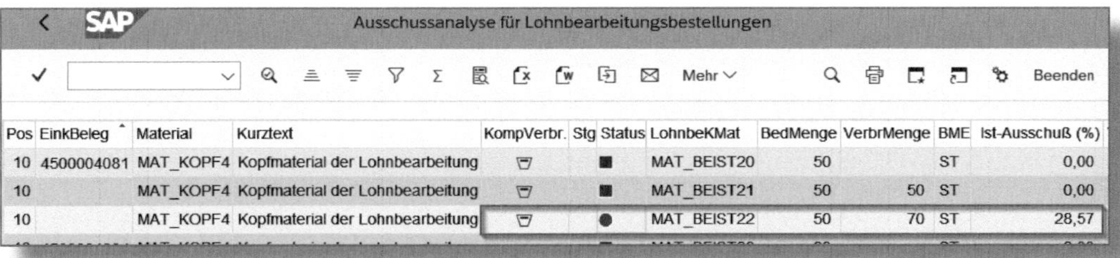


| Pos | EinkBeleg | Material | Kurztext | KompVerbr. | Stg | Status | LohnbeKMat | BedMenge | VerbrMenge | BME | Ist-Ausschuß (%) |
|---|---|---|---|---|---|---|---|---|---|---|---|
| 10 | 4500004081 | MAT_KOPF4 | Kopfmaterial der Lohnbearbeitung | | | ■ | MAT_BEIST20 | 50 | | ST | 0,00 |
| 10 | | MAT_KOPF4 | Kopfmaterial der Lohnbearbeitung | | | ■ | MAT_BEIST21 | 50 | 50 | ST | 0,00 |
| 10 | | MAT_KOPF4 | Kopfmaterial der Lohnbearbeitung | | | ● | MAT_BEIST22 | 50 | 70 | ST | 28,57 |

*Abbildung 8.7: Ausschussanalyse für Lohnbearbeitung*

Wie schon für die Komponentenverbrauchshistorie erwähnt, wird die Ausschussanalyse nur für Einträge in der Tabelle *EKBE_SC*, also für Verbrauchsbuchungen unabhängig von der Wareneingangsbuchung des Kopfmaterials, geführt.

Die Ausschussanalyse zeigt die tabellarische Auswertung für jede LB-Bestellposition und Beistellkomponente.

# 9 Nachverrechnung

**Die Nachverrechnung erfolgt im Anschluss an die Buchung des Beistellkomponentenverbrauchs entweder nach der zeitnahen Verbrauchsbuchung oder nach der Wareneingangsbuchung des Kopfmaterials mit kombinierter Warenausgangsbuchung der Beistellkomponenten.**

Eine *Nachverrechnung* zum Verbrauch von Beistellkomponenten buchen Sie, wenn vom Lohnbearbeiter ein Minder- oder Mehrverbrauch der ursprünglich ermittelten Menge gemeldet wird. Sollte dies regelmäßig der Fall sein, lohnt es sich unbedingt, die Stückliste des Kopfmaterials zu überprüfen und ggf. anzupassen.

Meldet der Lohnbearbeiter einen Mindermengenverbrauch und gibt Beistellkomponenten zurück, prüft das System auf Materialwerksebene, ob die Mindermenge nicht größer ist als die ursprüngliche Beistellkomponentenmenge der LB-Bestellposition.

**! Bei Rückgabe keine Prüfung auf Chargenebene**

Bei einer Rückgabe von Beistellkomponenten mit Chargenpflicht oder getrennter Bewertung wird vom System keine Prüfung auf Chargenebene durchgeführt.

## 9.1 Voraussetzung »Stammdaten«

Es sind keine besonderen Voraussetzungen gegeben.

## 9.2 Voraussetzung »Customizing«

Es sind keine besonderen Einstellungen erforderlich.

## 9.3 Prozessablauf

Die Nachverrechnung der Beistellkomponenten buchen Sie mit der Transaktion *MIGO* – AKTION *A11 = Nachverrechnung*, REFERENZBELEG *R01 = Bestellung*.

Zur Bestellung werden Beistellkomponenten ohne Mengenangabe angezeigt, denn der Warenausgang zu den Beistellkomponenten ist bereits gebucht (siehe Abbildung 9.1). Sie pflegen nun im Spalte Menge die Menge, die der Lohnbearbeiter als Minder- oder Mehrmengenverbrauch gemeldet hat. Diese Menge wird *Differenzmenge* genannt.

Mit dem Setzen des Hakens in der Spalte MINDERV ... (Minderverbrauch/Minderzugang) geben Sie einen Minderverbrauch bekannt. Ist kein Haken vorhanden, handelt es sich um einen Mehrverbrauch. Sowohl das Kopfmaterial als auch die Beistellkomponente müssen mit dem OK-KENNZEICHEN versehen werden, um den Materialbeleg buchen zu können.

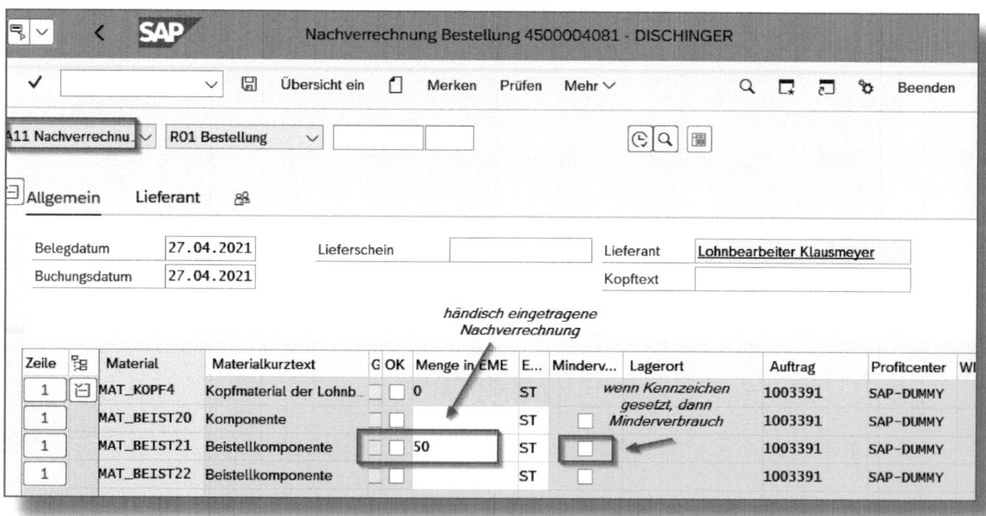


*Abbildung 9.1: Nachverrechnung von Beistellkomponenten*

Für Kopfmaterialien mit dem Feld ZEITNVERB. = *Zeitnahe Verbrauchsbuchung von LB-Beistellkomponenten* im LB-Infosatz wird die Nachverrechnung von Beistellkomponenten in der Tabelle EKBE_SC fortgeschrieben und damit in der Komponentenverbrauchshistorie und in der Ausschussanalyse angezeigt.

Zudem finden Sie die Nachverrechnung der Beistellkomponenten in der untergeordneten Sicht LB-Verbräuche der Bestellentwicklung der LB-Bestellposition.

Mit der Buchung der Nachverrechnung werden somit die zuvor gebuchten Verbräuche der Beistellkomponenten einer LB-Bestellposition korrigiert.

# 10 Fremdbearbeitung in der Fertigung

**In den vorherigen Kapiteln haben wir uns mit den verschiedenen Prozessen der Lohnbearbeitung im Einkauf beschäftigt. Doch auch in der Produktion können nicht immer alle notwendigen Fertigungsvorgänge im eigenen Werk durchgeführt werden. Engpässe im Kapazitätsangebot oder spezielle Produktionsverfahren wie Oberflächenveredelungen können dazu führen, dass Arbeiten an externe Lieferanten abgegeben werden müssen. In diesem Fall sprechen wir von einer *Fremdbearbeitung* in der Produktion oder auch von einer »verlängerten Werkbank«.**

## 10.1 Voraussetzung »Stammdaten«

Um die Fremdbearbeitung aus der Produktion heraus anstoßen zu können, benötigen Sie eine Stückliste, einen Arbeitsplan und eine Fertigungsversion. Der Materialstamm des Kopfmaterials wird mit der Beschaffungsart *E* = Eigenfertigung ausgeprägt.

### 10.1.1 Stückliste

Die Stückliste wird mit der Transaktion *CS01* (Stückliste anlegen) generiert. Sie enthält neben den Komponenten, die für die Arbeitsvorgänge im Werk benötigt werden, auch die Komponenten, die dem oder vom Lohnbearbeiter beigestellt werden müssen.

Werden die Komponenten vom Lohnbearbeiter selbst beigestellt, prägen Sie im Positionsdetail im Reiter STATUS/LANGTEXT das Feld BEISTELLTEIL-KZ. mit *X = Aufarbeitungsmaterial von LB* aus (siehe Abbildung 1.26 und für weitere Erklärungen den Abschnitt 1.4). Dennoch erscheinen diese Komponenten in der Komponentenliste des Plan- bzw. Fertigungsauftrags.

Allerdings werden für diese Komponenten durch den MRP-Lauf keine Sekundärbedarfe oder Auftragsreservierungen generiert, denn das Kennzeichen RES/BANF für die Komponenten wird vom System entsprechend dem BEIST.TEILKENNZ gefunden (siehe Abbildung 10.1). In der Bestellanforderung bzw. Bestellung für den Lohnbearbeiter sind diese Stücklistenpositionen somit nicht als Beistellkomponente enthalten.

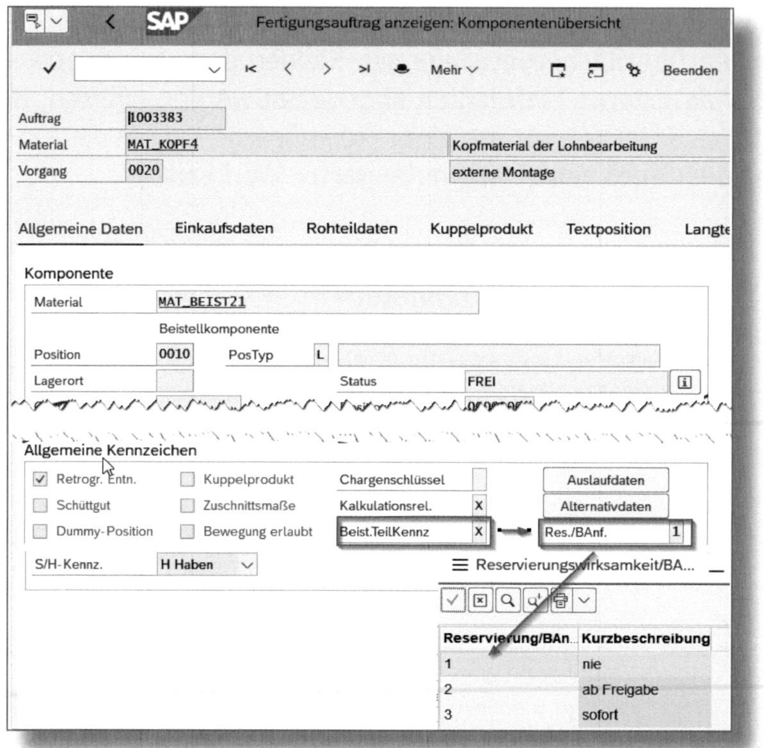

*Abbildung 10.1: Beistellkennzeichen im Komponentendetail*

## 10.1.2 Arbeitsplan

Der *Arbeitsplan* stellt die zur Produktion eines Materials notwendige Abfolge von Arbeitsvorgängen dar.

Einen Arbeitsplan erstellen Sie mit der Transaktion *CA01* (Arbeitsplan anlegen).

## 10.1.3 Fremdbearbeitungsvorgang

Der durch den Lohnbearbeiter durchzuführende Arbeitsvorgang muss im Arbeitsplan als Fremdbearbeitungsvorgang definiert werden. Dazu wählen Sie in der Vorgangsübersicht Vorgänge des Arbeitsplans einen STEUERSCHLÜSSEL aus, der für die Fremdbearbeitung vorgesehen ist (siehe Abbildung 10.2). Im Steuerschlüssel muss das Kennzeichen FREMDBEARBEITUNG mit einem *»+« = fremdbearbeiteter Vorgang* oder *»X« = Eigenbearbeitung oder Fremdbearbeitung möglich* belegt sein. Alle anderen Parameter des Steuerschlüssels passen Sie den Anforderungen Ihres Unternehmens an. Die F1-Hilfe hält zu jedem Parameter des Steuerschlüssels sehr gute Informationen für den Nutzer bereit.

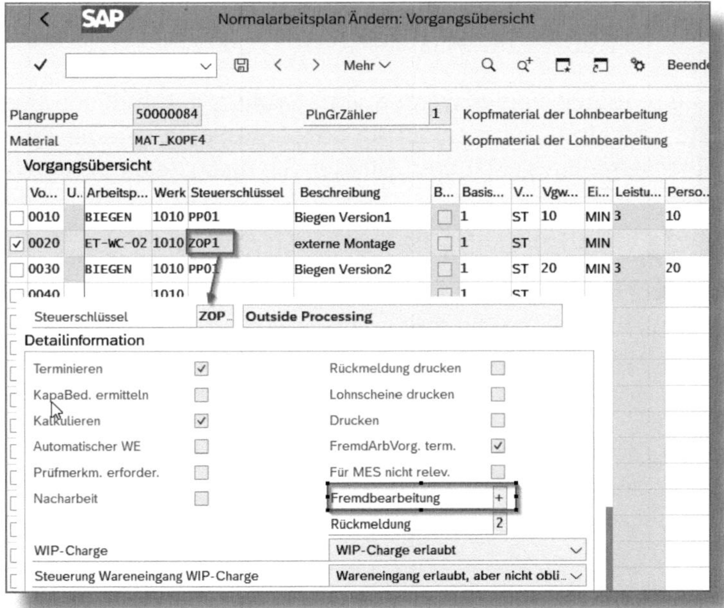


*Abbildung 10.2: Steuerschlüssel für die Fremdbearbeitung*

Sollte kein Steuerschlüssel für die Fremdbearbeitung in Ihrem System existieren, dann ist dieser im Customizing anzulegen, und zwar im Pfad

SPRO • PRODUKTION • FERTIGUNGSSTEUERUNG • STAMMDATEN • ARBEITSPLANDATEN • STEUERSCHLÜSSEL DEFINIEREN.

Sehr sinnvoll ist es, die Benennung des Steuerschlüssels so zu wählen, dass der Anwender direkt erkennen kann, welche Parameter im Steuerschlüssel gesetzt wurden.

Zusätzlich zum Steuerschlüssel prägen Sie auch Detaildaten des Fremdbearbeitungsvorgangs aus. Markieren Sie dazu den Vorgang in der Vorgangsübersicht und springen Sie mit dem Button Detail in den Abschnitt DETAIL, Bereich **Fremdbearbeitung** (siehe Abbildung 10.3).

Hier geben Sie den EINKAUFSINFOSATZ an, der alle Vereinbarungen mit dem Lieferanten wie Planlieferzeit und Preis enthält. Sollten Sie einen RAHMENVERTRAG mit dem Lieferanten abgeschlossen haben, wird die Nummer des Rahmenvertrags gepflegt.

Die dunkel hinterlegten Felder werden vom System automatisch aus dem Infosatz bzw. dem Rahmenvertrag gezogen. Sollten weder Infosatz noch Rahmenvertrag existieren, pflegen Sie diese Felder manuell.

**! Infosatz zur Warengruppe**

Der Infosatz im Fremdbearbeitungsvorgang ist zu einer Warengruppe angelegt, nicht zu einem Material. Die WARENGRUPPE umschreibt die durch den Lohnbearbeiter zu erbringende Dienstleistung (siehe Abbildung 10.4).

Diese Warengruppe muss nicht der Warengruppe des zu produzierenden Materials im Fertigungsauftrag entsprechen; sie ist eben die Warengruppe der Dienstleistung der Fremdbearbeitung.

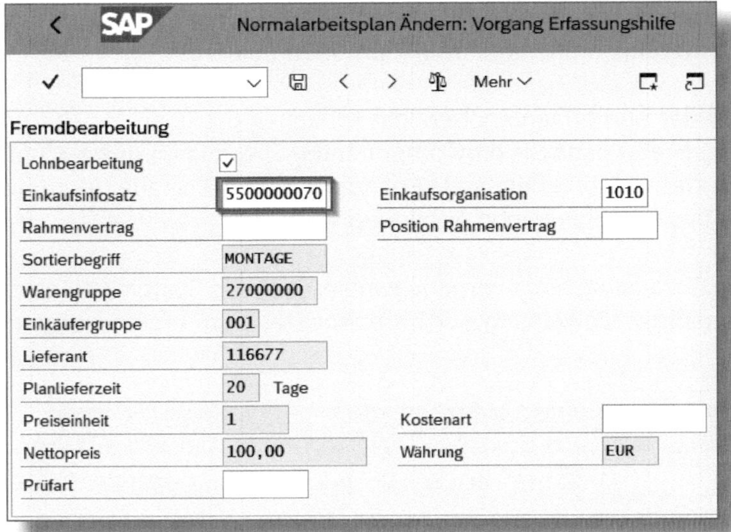


*Abbildung 10.3: Einstellung im Arbeitsvorgang für die Fremdbearbeitung*

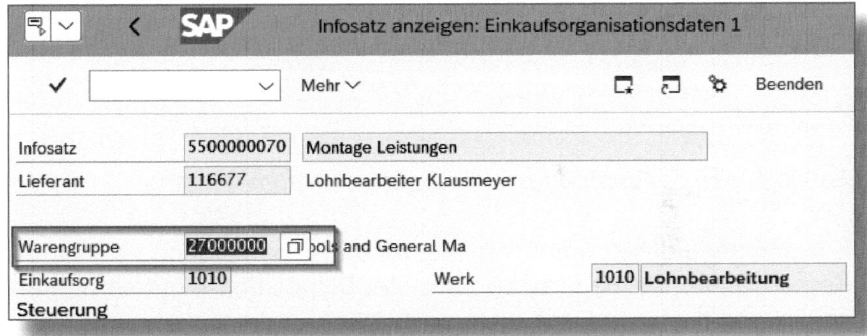


*Abbildung 10.4: Infosatz zur Warengruppe*

### 10.1.4 Komponentenzuweisung

In der Komponentenübersicht des Arbeitsplans werden die Stücklistenpositionen denjenigen Arbeitsvorgängen zugeordnet, in denen diese verbraucht werden. Die Komponenten, die dem Lohnbearbeiter beigestellt werden, ordnen Sie dem Fremdbearbeitungsvorgang zu.

Den Reiter der Komponentenübersicht erreichen Sie über den Button **Allokation** . Hier weisen Sie die Komponenten über **Neuzuordnen** und **Umhängen** den entsprechenden Vorgängen zu. In der Spalte VORGANG sehen Sie das Ergebnis (siehe Abbildung 10.5).

Erfolgt die Zuweisung nicht vorgangsweise, geht das System von einer standardmäßigen Zuweisung der Komponenten zum ersten Vorgang aus.

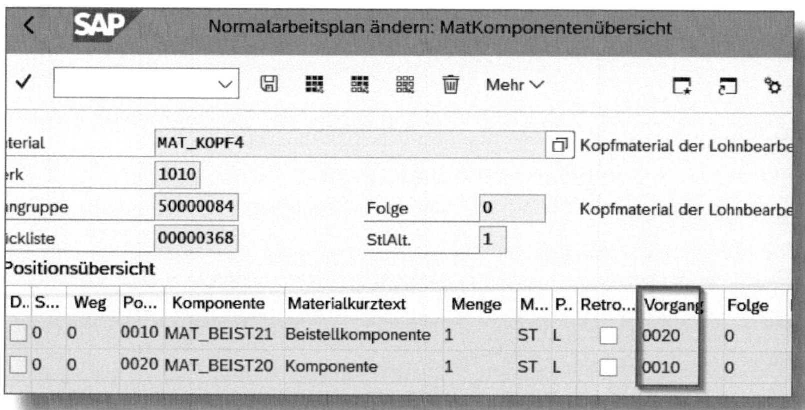


*Abbildung 10.5: Zuordnung der Komponenten zum Vorgang*

Entsprechend der Komponentenzuordnung zum Vorgang wird für die Komponenten der Bedarfstermin in der Disposition ermittelt und anschließend die Verbrauchsbuchung durchgeführt.

### 10.1.5 Fertigungsversion

Die *Fertigungsversion* ist notwendig, damit das System den Arbeitsplan und die Stücklistenalternative zum Material finden kann.

In der Fertigungsversion werden dem Material der Arbeitsplan mit seiner PLANGRUPPE und seinem PLANGRUPPENZÄHLER sowie die STÜCKLISTENALTERNATIVE zugeordnet (siehe Abbildung 10.6).

Pflegen Sie die Fertigungsversion im Materialstamm auf dem Reiter Disposition 4 oder Kalkulation 1.

Weitere Informationen zur Fertigungsversion entnehmen Sie Abschnitt 1.5.

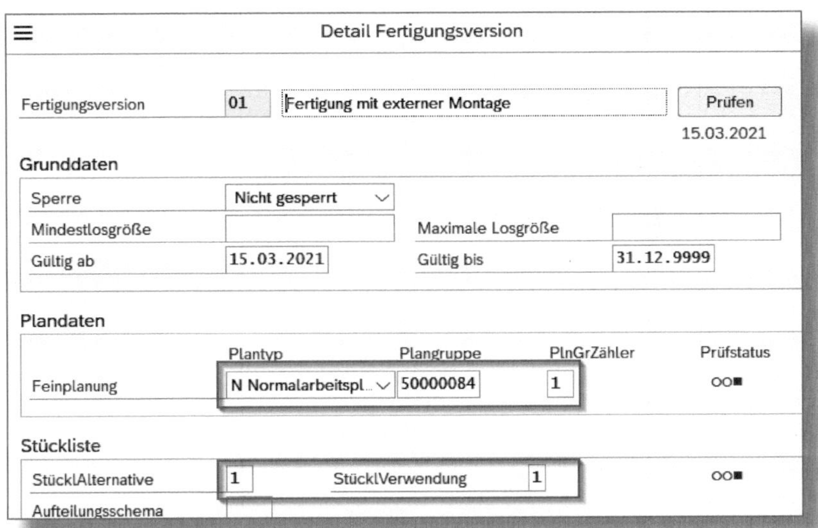


*Abbildung 10.6: Fertigungsversion mit Arbeitsplan und Stückliste*

## 10.2 Voraussetzung »Customizing«

Im Customizing der Fertigungsauftragsart legen Sie im Reiter Planung im Abschnitt BESTELLANFORDERUNG fest, zu welchem Zeitpunkt die Banf aus dem Fremdbearbeitungsvorgang erzeugt werden soll. Die Festlegung erfolgt je Fertigungsauftragsart (siehe Abbildung 10.7).

Die Einstellung finden Sie im Pfad SPRO • PRODUKTION • FERTIGUNGSSTEUERUNG • STAMMDATEN • AUFTRAG • AUFTRAGSABHÄNGIGE PARAMETER oder in der Transaktion *OPL8*.

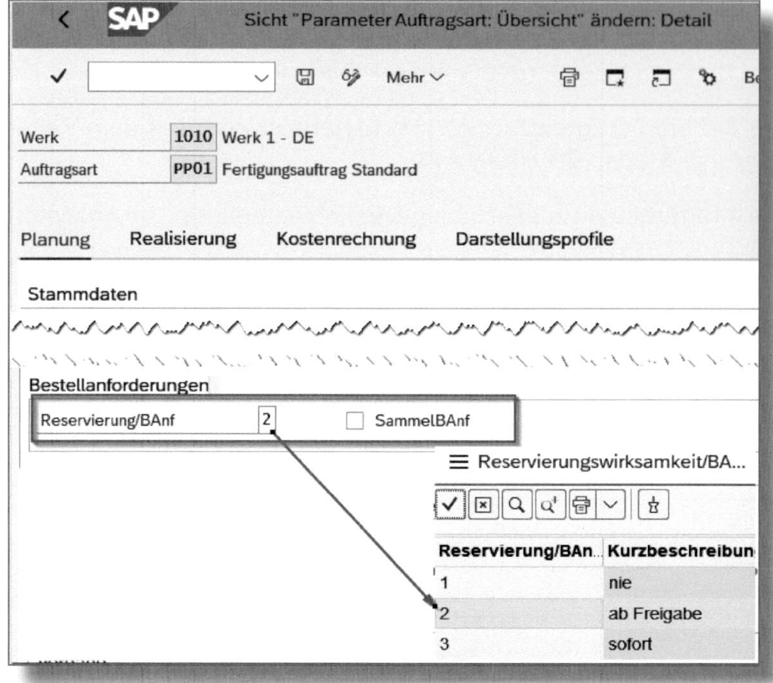


Abbildung 10.7: Zeitpunkt der Banf-Erstellung

## 10.3 Prozessablauf

### 10.3.1 Fertigungsauftrag

Der Fertigungsauftrag wird eröffnet, indem Sie eine der drei folgenden Optionen auswählen:

- Mit der Transaktion *CO01 (Fertigungsauftrag anlegen),*
- aus der Transaktion *MD04* heraus oder
- durch die Sammelumsetzung der Planaufträge in Fertigungsaufträge mit der Transaktion *CO41 (Sammelumsetzung Planaufträge)*.

Die Daten der Fremdbearbeitung im Arbeitsplan werden automatisch in den Fremdbearbeitungsvorgang des Fertigungsauftrags übernommen.

## 10.3.2 Generierung der Bestellanforderung

Mit dem Sichern oder der Freigabe des Fertigungsauftrags wird eine BANF zur Warengruppe erzeugt. Die BESTELLANFORDERUNG wird im Vorgangsdetail des Vorgangs FREMDBEARBEITUNG im Fertigungsauftrag dargestellt (siehe Abbildung 10.8).

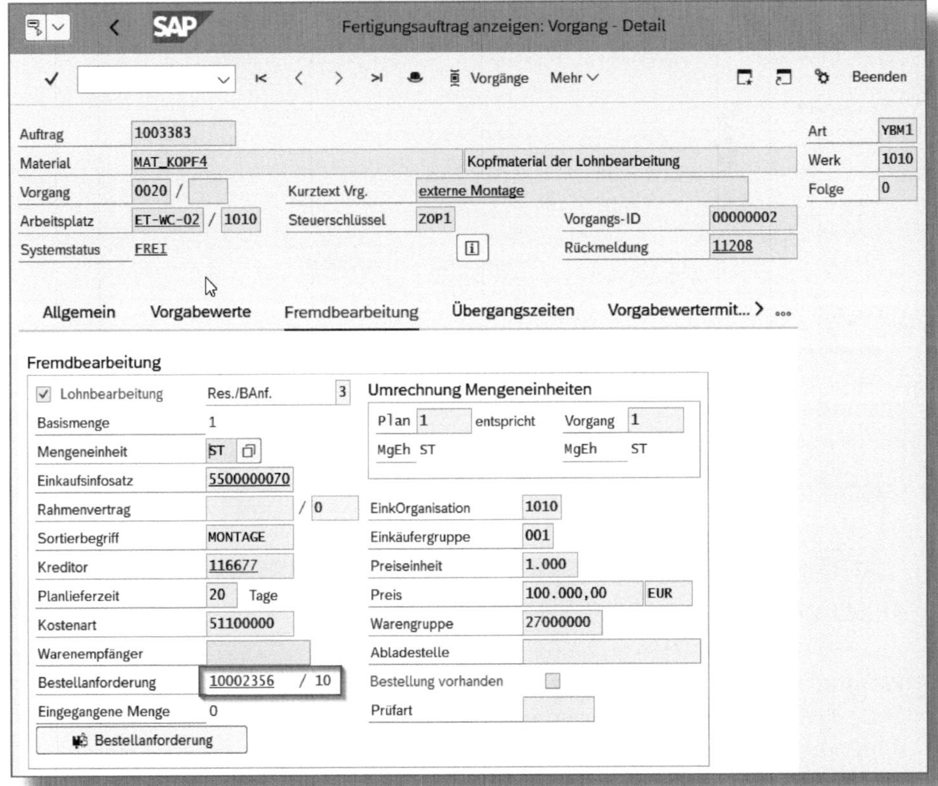


*Abbildung 10.8: Banf im Vorgangsdetail des Fremdbearbeitungsvorgangs*

Zudem erhalten die Beistellkomponenten ihre Bestandszuordnung im Komponentendetail des Fertigungsauftrags im Reiter Allgemeine Daten, Abschnitt BESTANDSZUORDNUNG (siehe Abbildung 10.9). Für die Beistellkomponenten wird der Lohnbearbeiter aus der Bestellanforderung gefunden.

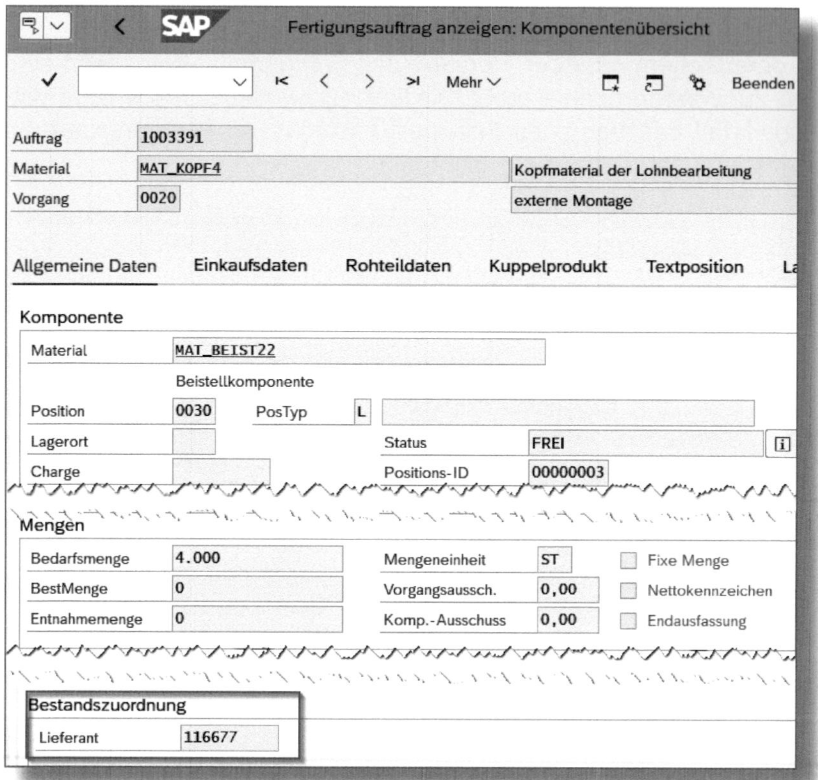


*Abbildung 10.9: Bestandszuordnung zum Lieferanten*

Werden im Fertigungsauftrag nachträglich Termine oder Mengen geändert, werden diese automatisch in die Banf übernommen. Ist allerdings die Banf schon in eine Bestellung umgewandelt worden, erfolgt eine solche Aktualisierung nicht mehr.

Die LB-Banf-Position enthält den KONTIERUNGSTYP *F = Auftrag* und den POSITIONSTYP *L = Lohnbearbeitung*. Die LB-Banf-Position ist somit auf den Fertigungsauftrag kontiert.

Der Positionstext der Banf wird aus dem Vorgangstext des Fremdbearbeitungsvorgangs des Fertigungsauftrags übernommen.

Die Beistellkomponenten sind in der LB-Banf-Position enthalten, wenn diese im Arbeitsplan dem Fremdbearbeitungsvorgang zugeordnet sind und das Kennzeichen BEISTELLTEIL-KZ. in der Stücklistenposition nicht gesetzt ist.

Die Banf wird in eine Bestellung umgesetzt.

### 10.3.3 Versenden der Beistellkomponenten

Der Versand der Beistellkomponenten kann mit einem Lieferschein oder Warenbegleitschein sowie mit Bezug zur Bestellung oder zur Umlagerungsreservierung erfolgen. Auch ein Zweischrittverfahren mit Kontrollmöglichkeit des Transferbestands wird in SAP S/4HANA angeboten.

Kapitel 4 beschreibt ausführlich die Möglichkeiten des Versands der Beistellkomponenten.

### 10.3.4 Wareneingang zum Fremdbearbeitungsvorgang

Der Wareneingang kann per Anlieferung mit der Transaktion *VL31N* oder per Materialbeleg mit der Transaktion *MIGO* – AKTION *A01 = Wareneingang*, REFERENZBELEG *R01 = Bestellung* gebucht werden.

Mit der Wareneingangsbuchung erfahren die Beistellkomponenten ihre retrograde Entnahmebuchung aus dem Lieferantenbeistellbestand. Dabei wird ein Materialbeleg erzeugt, der mit der Bewegungsart 101 den Wareneingang für die Dienstleistung zur Warengruppe und mit der

Bewegungsart 543 den Warenausgang der Beistellkomponente verbucht.

Der Arbeitsvorgang im Fertigungsauftrag hat den STATUS *FVGL = Fremdvorgang geliefert*.

Der Fertigungsauftrag wird mit den Istkosten der Dienstleistung und mit dem Entnahmewert der Beistellkomponenten belastet.

### 10.3.5 Rückmeldung des Fremdbearbeitungsvorgangs

Ist im Steuerschlüssel des Fremdbearbeitungsvorgangs der Parameter RÜCKMELDUNG gesetzt, wird vom System eine Rückmeldung zum Vorgang erwartet. Diese führen Sie mit der Transaktion *CO11n (Lohnrückmeldeschein)* durch.

Wenn Sie den Aufwand für eine Rückmeldung einsparen möchten, kann der dem Fremdbearbeitungsvorgang nachfolgende Arbeitsvorgang mit einer Meilensteinrückmeldung ausgestattet werden, sodass dessen Rückmeldung auch den Vorgänger, den Fremdbearbeitungsvorgang, zurückmeldet.

Zudem ist in der SAP-S/4HANA-Standardauslieferung das Business Add-In (BAdI) *ICH_BIF_WO_INF_IN* für eine automatische Rückmeldung zum Fremdbearbeitungsvorgang verfügbar.

Der Prozess der Fremdbearbeitung ist mit der Rückmeldung abgeschlossen, es kann nun der nächstfolgende Arbeitsvorgang durchgeführt werden.

## 10.4 BAdI: Kopfmaterial in der Bestellanforderung

In den vorangegangenen Abschnitten habe ich Ihnen den Standardprozess der Fremdbearbeitung beschrieben. SAP liefert mit S/4HANA auch BAdIs aus, mit denen sich der Standardprozess abwandeln lässt. Diese BAdIs müssen bei Bedarf aktiviert werden.

Zur Aktivierung folgen Sie dem Pfad im Customizing

SPRO • MATERIALWIRTSCHAFT • OUTSOURCED MANUFACTURING.

Das BAdI *PP_OM_HEADER_MAT (Kopfmaterial der Bestellanforderung bestimmen)* sei hier beispielhaft näher betrachtet.

Mit der Aktivierung des BAdIs wird nicht wie oben beschrieben der Text des Fremdbearbeitungsvorgangs in der Bestellanforderung für den Lohnbearbeiter angezeigt, sondern das Kopfmaterial des Fertigungsauftrags. Die Banf wird somit nicht mehr zur Warengruppe angelegt, sondern zum Kopfmaterial. Infolgedessen muss auch die Anlage des Infosatzes zum Kopfmaterial erfolgen.

Werden mehrere Materialien gesammelt, um beispielsweise beim Lohnbearbeiter einen Ofen oder ein Oberflächenbad zu füllen, empfiehlt es sich, mit einem Referenzmaterial zu arbeiten. Das Referenzmaterial wird anstelle des Kopfmaterials des Fertigungsauftrags in der Bestellanforderung für den Lohnbearbeiter dargestellt.

An dieser Vorgehensweise ist von Vorteil, dass nur ein Infosatz zum Referenzmaterial und Lohnbearbeiter gepflegt werden muss.

Wenn Sie Referenzmaterialien anwenden wollen, gehen Sie wie folgt vor:

1. Pflegen Sie im Customizing das Feld URSPRUNGSCHARGE-REFERENZMATERIAL im Pfad SPRO • LOGISTIK ALLGEMEIN • MATERIALSTAMM • GRUNDEINSTELLUNGEN • GLOBALE EINSTELLUNGEN VORNEHMEN.
2. Pflegen Sie im Materialstamm auf dem Reiter Einkauf
   - das Kennzeichen CHARGENVERWALTUNG,
   - das Feld URSPRUNGSCHARGEN-FÜHRUNG (UC-FÜHRUNG) mit *1*,

- das Feld REFERENZMATERIAL FÜR URSPRUNGSCHARGEN (UC-REF. MATERIAL) mit der Materialnummer des Referenzmaterials.

3. Pflegen Sie im Steuerschlüssel des Fremdbearbeitungsvorgangs im Arbeitsplan den Parameter WIP-CHARGE mit dem Wert *WIP-Charge erlaubt*.

Weitere Hinweise zum Einsatz der Ursprungscharge finden Sie in der Beschreibung des Customizing-Schritts zur Aktivierung des BAdIs PP_OM_HEADER_MAT und im Customizing-Schritt zur Ursprungscharge.

# 11 Reparaturabwicklung mit LB-Bestellungen

**Unter *Reparaturabwicklung mit LB-Bestellungen* wird die Aufarbeitung von Materialien durch einen Lohnbearbeiter verstanden. Diese Materialien können serialisiert sein. In diesem Kapitel werden wir nur den Anteil der Lohnbearbeitung betrachten; die eigentlich dazu vorgelagerten Prozesse in der Instandhaltung oder dem Customer Service bleiben hier unberührt.**

SAP unterscheidet drei verschiedene Lohnbearbeitungsarten im Reparaturprozess:

1. *Lohnbearbeitungsart 1 – Aufarbeitung mit gleichbleibender Materialnummer*
   In der LB-Bestellung werden die LB-Bestellposition und die Beistellkomponente durch dasselbe Material bestimmt. Mit der Wareneingangsbuchung kann ein ungeplanter Serialnummernwechsel durchgeführt werden.

2. *Lohnbearbeitungsart 2 – Aufarbeitung mit Materialnummernwechsel*
   Die Materialposition in der LB-Bestellposition wird vom Lohnbearbeiter so aufgearbeitet, dass eine neue Materialnummer entstehen muss. Auf den SAP-Hilfeseiten findet sich zu diesem Prozess der Begriff *geplante Modifikation*. Gemeinhin bleibt die Serialnummer des aufzuarbeitenden Teils erhalten und wird im Wareneingangsprozess mit der neuen Materialnummer aktualisiert.

3. *Lohnbearbeitungsart 3 – Ersatz*
   Der Lohnbearbeiter sendet ein Ersatzteil in einer Vorablieferung, obwohl er das eigentlich zu reparierende Material noch nicht erhalten hat. Das zu reparierende Material wird erst später an den Lohnbearbeiter gesandt. Die Lohnbearbeitungsart 3 kann nicht manuell in der Bestellposition gewählt werden, sie wird automatisch vom System gesetzt.

**Weitere Informationen**

Falls Sie tiefer in die Thematik einsteigen möchten, empfehle ich Ihnen folgende Stichwörter zur Suche in der SAP-Hilfe:

- SAP MRO Maintenance, Repair and Overhaul
- Lohnbearbeitung für MRO in Aufarbeitungsaufträgen
- Materialaustauschbarkeiten

## 11.1 Voraussetzung »Stammdaten«

Damit für ein Material eine Serialnummer erzeugt werden kann, muss es mit einem *Serialnummernprofil* ausgestattet sein. Das Serialnummernprofil pflegen Sie im Materialstamm im Reiter Arbeitsvorbereitung oder Werksdaten/Lagerung2 . Zudem geben Sie die Serialisierungsebene an, die bestimmt, auf welcher Ebene die Serialnummer eindeutig sein muss.

Auch für die Reparaturabwicklung ist es erforderlich, den Dispobereich des Lohnbearbeiters im Materialstamm des Beistellmaterials zuzuordnen. Diese Zuordnung muss auch dann erfolgen, wenn es sich um eine Reparatur mit gleichbleibender Materialnummer (Beistellkomponente = LB-Bestellposition) handelt.

Wird der Dispobereich nicht zugeordnet, ist die Anlage der Auslieferung der Beistellkomponente nicht möglich.

## 11.2 Voraussetzung »Customizing«

Um ein Serialnummernprofil im Materialstamm zuordnen zu können, muss dieses im Customizing angelegt sein. Sie finden die Einstellung unter dem Pfad SPRO • MATERIALWIRTSCHAFT • EINKAUF • SERIALNUMMERN • SERIALNUMMERNPROFILE FESTLEGEN oder mit der Transaktion *OIS2*.

Im ersten Schritt weisen Sie dem SERIALNUMMERNPROFIL einen EQUIPMENTTYP zu, im zweiten Schritt wählen Sie die Vorgänge und entscheiden, wie diese zur Serialisierung führen sollen.

Für die Abwicklung der Lohnbearbeitung pflegen Sie im SERIALNUMMERNPROFIL die VORGÄNGE *POSL = Serialnummern in Bestellungen* und *PRSL = Serialnummern in Bestellanforderungen* (siehe Abbildung 11.1).

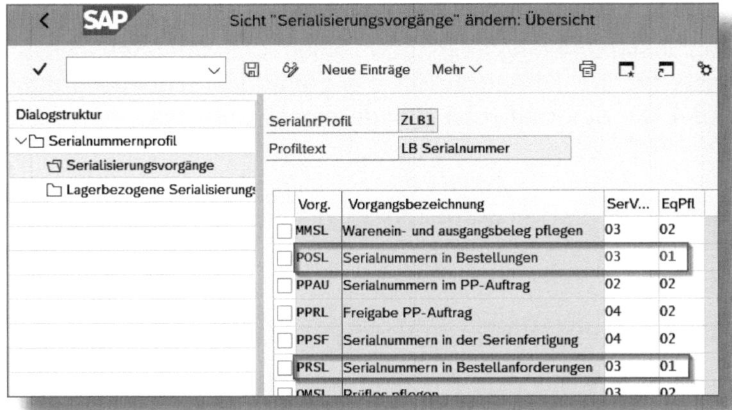


*Abbildung 11.1: Customizing der Serialnummern*

Im nächsten Customizing-Schritt ordnen Sie das Serialnummernprofil der Bestellbelegart in Verbindung mit dem Positionstyp für die Lohnbearbeitung zu. Den Pfad zu dieser Einstellung finden Sie unter

SPRO • MATERIALWIRTSCHAFT • EINKAUF • BESTELLUNG • BELEGARTEN EINSTELLEN (siehe Abbildung 11.2).

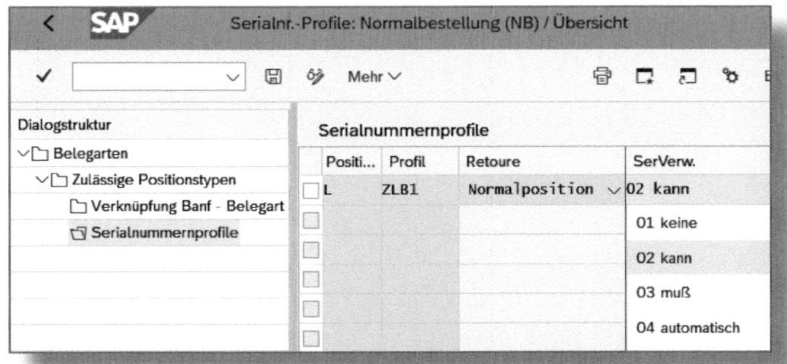


*Abbildung 11.2: Serialnummernprofil je Belegart*

Auch für die Erstellung der Auslieferung der Beistellkomponenten sind Customizing-Einstellungen erforderlich. Diese entnehmen Sie Abschnitt 4.1.2.

## 11.3 Prozessablauf

Der Prozess in der Instandhaltungsabwicklung wird üblicherweise durch einen *Instandhaltungs(IH)-* bzw. einen *Customer-Service(CS)-Auftrag* gestartet. Im IH-Auftrag ist ein Fremdbearbeitungsvorgang hinterlegt, der die automatische Anlage einer LB-Bestellanforderung steuert.

In unserem Beispiel starten wir mit der manuellen Anlage einer Banf.

### 11.3.1 Generierung der Bestellanforderung

Ohne einen vorgeschalteten IH-Auftrag legen Sie manuell eine Banf mit der Transaktion *MF51N* (Bestellanforderung anlegen) an. Sie pflegen Material und Menge und haben vorzugsweise einen LB-Infosatz angelegt, der die automatische Bezugsquellenfindung erlaubt. Auf dem Reiter Spec2000 / LB im Positionsdetail der Banf finden Sie das Feld ART LOHNBEARBEITUNG, in dem Sie eine der drei zu Beginn des Kapitels beschriebenen Lohnbearbeitungsarten wählen (siehe Abbildung 11.3).

Haben Sie die ART DER LOHNBEARBEITUNG festgelegt, erzwingt das System die Auswahl des Beistellkennzeichens für die aufzuarbeitende Komponente in der Komponentenübersicht.

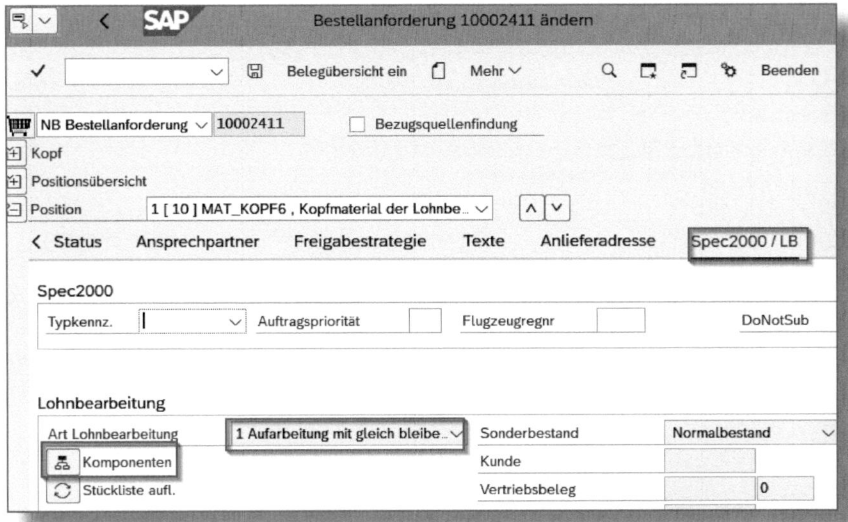


*Abbildung 11.3: Positionsdetail mit Lohnbearbeitungsart*

In unserem Beispiel ist als ART die LOHNBEARBEITUNG *1 = Aufarbeitung mit gleichbleibender Materialnummer* gewählt. Das dazu passende Beistellkennzeichen (BSTTLKZ.) ist *S = Aufarbeitungsmaterial an LB* (siehe Abbildung 11.4). Die Materialnummer der aufzuarbeitenden Beistellkomponente ist identisch mit der LB-Bestellposition.

Sollten für den Reparaturprozess weitere Beistellkomponenten, also Verbrauchsmaterialien, notwendig sein, werden diese ebenfalls durch die Stücklistenauflösung oder durch manuelle Eingaben in der Komponentenliste aufgeführt. Die Verbrauchsmaterialien erhalten kein Beistellkennzeichen.

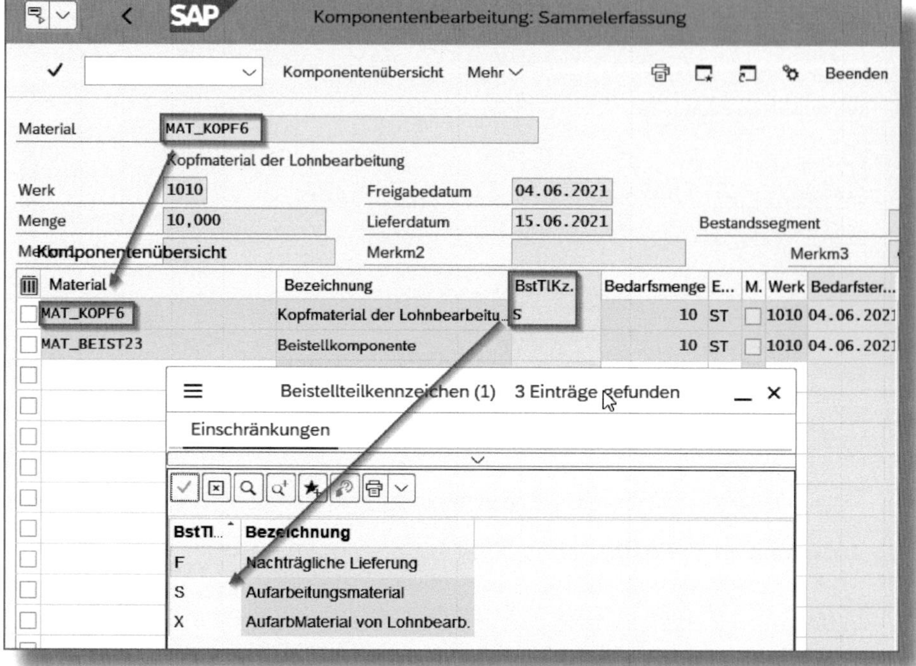


*Abbildung 11.4: Beistellkennzeichen in der Komponentenübersicht*

Wenn Sie den IH-Auftrag für Ihre Abwicklung benutzen, werden im Fremdbearbeitungsvorgang die Art der Lohnbearbeitung sowie das Beistellkennzeichen bestimmt und an die Banf übergeben.

Auf dem Reiter **Materialdaten** im Positionsdetail der Banf (siehe Abbildung 11.5) finden Sie den Button SERIALNUMMERN, mit dem Sie die Zuweisung der zu reparierenden Einzelstücke zur Beistellkomponente vornehmen können. Diese Zuweisung ist nur für die Lohnbearbeitungsarten 1 oder 2 möglich.

Für die LOHNBEARBEITUNGSART 1 (Aufarbeitung mit gleichbleibender Materialnummer) wie auch für die LOHNBEARBEITUNGSART 2 (Aufarbeitung mit Materialnummernwechsel) ist die Serialnummer der aufzuarbeitenden Beistellkomponente identisch mit der Serialnummer der LB-Bestellposition, für die nach der Aufarbeitung ein Wareneingang gebucht wird.

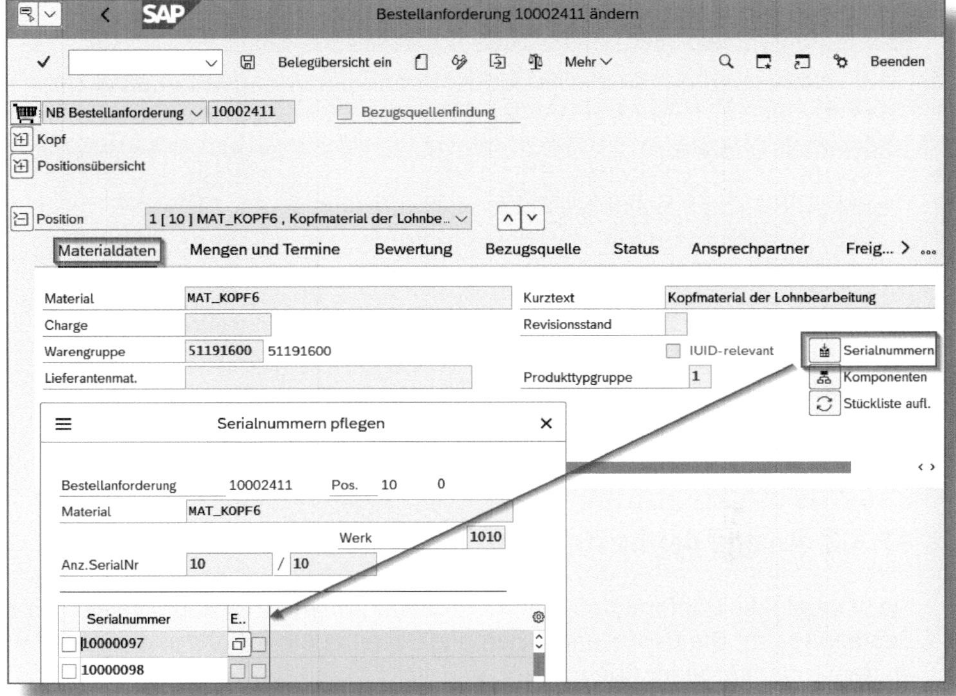


*Abbildung 11.5: Zuordnung der Serialnummern*

Sind die Verbrauchsmaterialien ebenfalls serialisiert, werden diese Serialnummern in der Auslieferung zum Lohnbearbeiter angegeben.

Sobald Sie die Serialnummern zugeordnet haben, lassen sich weder die Menge in der LB-Bestellposition noch die Lohnbearbeitungsart ändern. Wenn Sie eine solche Änderung wünschen, müssen Sie die Serialnummernzuordnung löschen, die Änderung durchführen und die Zuordnung erneut vornehmen.

Wenn Sie einen IH-Auftrag nutzen, legen Sie die Serialnummern in der Objektliste des Auftrags fest. Sie werden dann vom System an die Banf übergeben.

**Anzeige der Felder der Lohnbearbeitungsart**

Auf welchen Reitern Sie die Felder der Lohnbearbeitungsart in Banf und Bestellung finden, ist abhängig von der bei Ihnen aktivierten Business Function:

- AD_MRO_CI_3: Lohnbearbeitungsart auf dem Reiter SPEC200/LB, Serialnummer in der Bestellanforderung auf dem Reiter MATERIALDATEN
- LOG_EAM_ROTSUB: Lohnbearbeitungsart auf dem Reiter LOHNBEARBEITUNG, Serialnummer in der Bestellung auf dem Reiter LIEFERPLAN

### 11.3.2 Anlage der Bestellung

Sie wandeln die Banf mit den Standardtransaktionen im Einkauf in eine Bestellung um. Die Bestellung erhält alle Daten aus der Banf und wird an den Lohnbearbeiter übermittelt.

### 11.3.3 Auslieferung mit Bezug zur LB-Bestellung

Für die Bearbeitung der Reparaturabwicklung mit Lohnbearbeitung bietet sich die Transaktion *ADSUBCON (Lohnbearbeitungsmonitor)* an, die Sie im SAP-Menübaum unter folgendem Pfad finden:

LOGISTIK • PRODUKTION • KAPAZITÄTSPLANUNG • BEDARF • INSTANDHALTUNGSAUFTRAG • UMLAUFTEILEABWICKLUNG.

Der Lohnbearbeitungsmonitor ist in seinen Funktionen ähnlich dem LB-Cockpit (ME2ON), enthält aber spezifische Funktionen, die die Reparaturabwicklung betreffen, wie z. B. eine Übersicht aller einer LB-Bestellposition zugeordneten Serialnummern.

Der Lohnbearbeitungsmonitor bietet folgende Funktionen:

- Umwandlung der Banf in eine Bestellung
- Versand der Beistellkomponenten an den Lieferanten mittels Auslieferung
- Umbuchung für eine Bestellung
- Wareneingangsbuchung zur Bestellung
- Vorablieferung
- Ungeplanter Materialtausch (UMA) (nur in DIMP)

Im Selektionsbild des Lohnbearbeitungsmonitors finden Sie selbsterklärende Felder.

Schauen wir uns in Abbildung 11.6 ein Selektionsergebnis an.

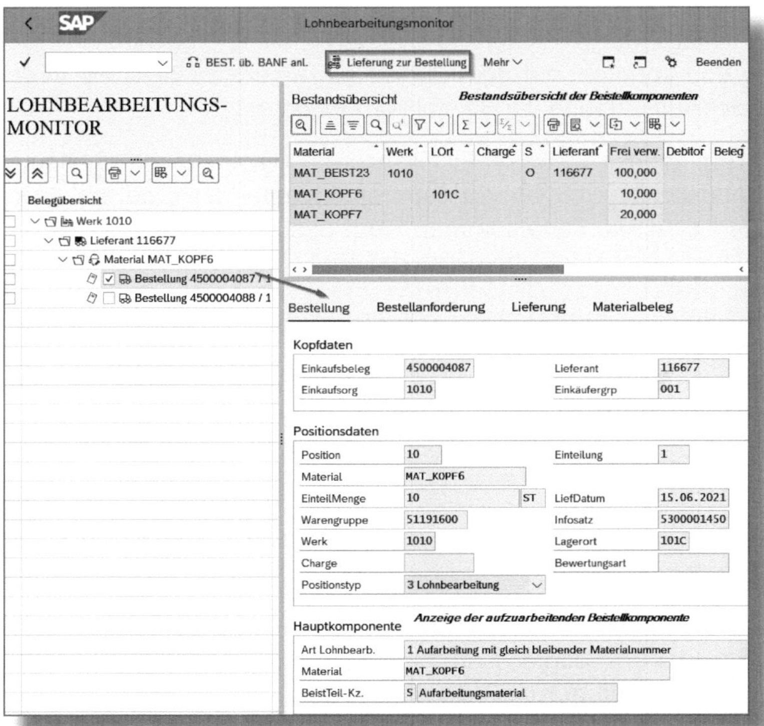


*Abbildung 11.6: Lohnbearbeitungsmonitor – Selektionsergebnis*

Der Lohnbearbeitungsmonitor ist in drei Bildschirmbereiche unterteilt:

In der linken Spalte BELEGÜBERSICHT werden die Einkaufsbelege angezeigt. In unserem Beispiel sehen Sie, dass zwei Bestellungen gefunden wurden, die zur Aufarbeitung beim Lohnbearbeiter vorgesehen sind. Mit dem Button können Sie die BELEGÜBERSICHT derart um Spalten (z. B. Sonderbestand, Liefertermin) erweitern, dass die Anzeige an Aussagekraft gewinnt.

Im rechten Bereich sehen Sie oben die Bestandssituation der Beistellkomponenten aller in der BELEGÜBERSICHT aufgelisteten Bestellungen. Damit dieser Bereich dargestellt wird, muss im Selektionsbild der Transaktion der Haken ☑ Bestandsanzeige gesetzt sein.

Im unteren rechten Bereich erhalten Sie auf einen Blick alle Informationen zur Lohnbearbeitung für den in der Belegübersicht gewählten EINKAUFSBELEG.

Für die Anlage der Auslieferung markieren Sie die gewünschte Bestellung und springen mit dem Button Lieferung zur Bestellung in die Anlage der Auslieferung der Beistellkomponenten.

Im darauffolgenden Auswahlbild LIEFERUNG ANLEGEN (siehe Abbildung 11.7) können Sie sich für die Verbrauchsmaterialien, sofern diese serialisiert sind, die Serialnummern vom System vorschlagen lassen oder manuell auswählen und damit der Auslieferung zuweisen.

Wählen Sie dazu den Button . Für die aufzuarbeitende Beistellkomponente wurden die SERIALNUMMERN aus der Banf/Bestellung übernommen und können angezeigt und auch verändert werden. Bei einer Änderung ist allerdings zu beachten, dass die Anzahl der Serialnummern der Menge der zu bearbeitenden Beistellkomponenten entsprechen muss.

Der Lagerort der Serialnummern muss gleich dem Lagerort der Beistellkomponente (LA...) sein.

Sollte eine geplante Vorablieferung der Verbrauchsmaterialien an den Lohnbearbeiter erforderlich sein, wird die aufzuarbeitende Komponente abgewählt, damit nur die Verbrauchsmaterialien an den Lohnbearbeiter gesandt werden. Die Auslieferung des aufzuarbeitenden Materials erfolgt mit einer späteren Lieferung zur selben Bestellung.

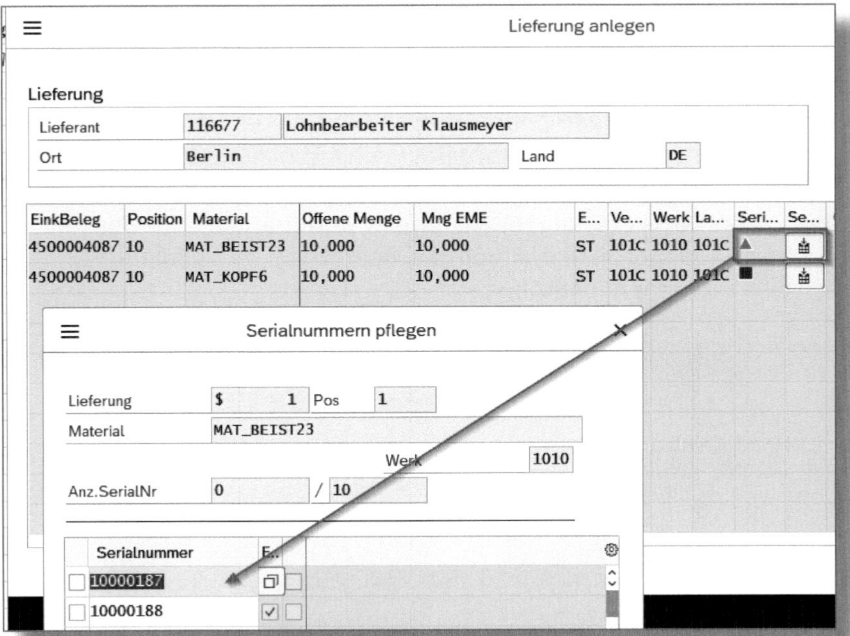


*Abbildung 11.7: Auslieferung anlegen mit Zuweisung der Serialnummer zum Verbrauchsmaterial*

Die Lieferung wird vom System im Hintergrund angelegt. In der Lieferung können die zugeordneten Serialnummern unter ZUSÄTZE • SERIALNUMMERN noch einmal geändert werden.

In den nachfolgenden Prozessschritten erfolgen die Kommissionierung, die Warenausgangsbuchung und der Transport zum Lohnbearbeiter.

Der Bestand der Beistellkomponente ist nach der Warenausgangsbuchung im LB-Bestand zu finden, siehe Transaktion *MMBE (Bestandsübersicht)*. Der Beistellkomponente aus unserem Beispiel wurde im Dispobereich zum Lohnbearbeiter der SOBSL 45 zugeordnet. Durch den Bedarf des Kopfmaterials ergab sich für die Beistellkomponente eine Umlagerungsreservierung aus dem Werksbestand in den LB-Bestand. Diese Umlagerungsreservierung wird nach der Warenausgangsbuchung der Auslieferung durch den anschließenden MRP-Lauf im Dispobereich gelöscht.

Im Lohnbearbeitungsmonitor werden die Belege dieses logistischen Prozesses nacheinander angezeigt (siehe Abbildung 11.8).

Nach der Wareneingangsbuchung des Kopfmaterials ist der Reparaturprozess abgeschlossen und die Bestellung im Lohnbearbeitungsmonitor nicht mehr enthalten.

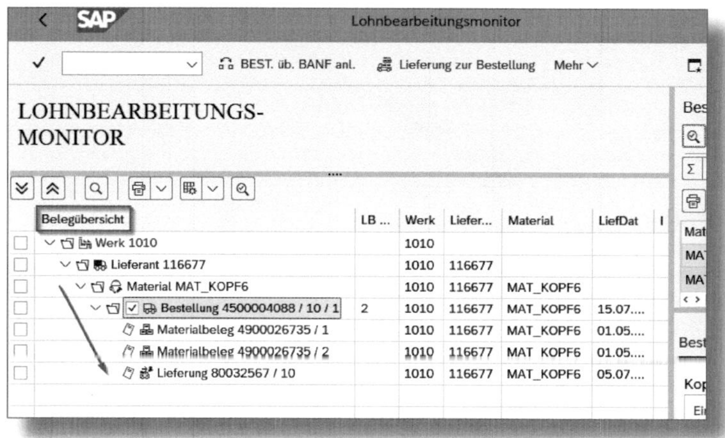


*Abbildung 11.8: Lohnbearbeitungsmonitor – Belegfluss*

## 11.3.4 Wareneingang

Der Wareneingang kann mit den Standardtransaktionen (siehe dazu Kapitel 6) oder mit dem Lohnbearbeitungsmonitor, Transaktion *ADSUBCON*, gebucht werden. Mit einem Rechtsklick auf die Bestellung in der Belegübersicht des Lohnbearbeitungsmonitors wird Ihnen ein Untermenü angezeigt, welches den Punkt WARENEINGANGSBUCHUNG enthält, über den Sie in die Transaktion *MIGO* abspringen können.

Im Positionsdetail der *MIGO* finden Sie die Serialnummern, mit denen das aufzuarbeitende Material zum Lohnbearbeiter geschickt worden ist. Diese können hier geändert werden, wenn der Lohnbearbeiter beispielsweise ein Austauschteil anstatt des zu reparierenden Teils zurückgeschickt hat.

Mit der Wareneingangsbuchung der Lohnbearbeitungsart 2 wird die Serialnummer der Beistellkomponente zur LB-Bestellposition der WE-Position zugeordnet. Die Historie der Serialnummer wird um die Wareneingangsbuchung aktualisiert.

### 11.3.5 Auswertung Serialnummer

Die stückgenauen Nummern zur Materialnummer, die Serialnummern, lassen sich mit diesen Transaktionen auswerten:

- *IE05 – Listanzeige Equipments* (sinnvoll, wenn die Generierung der Serialnummern in Verbindung mit Equipments eingestellt ist)
- *IQ03 – Serialnummern zum Material anzeigen*
- *IQ09 – Listanzeige Serialnummern*

Die Bewegungen der mit den Serialnummern verknüpften Materialien werden im Status und in der Historie der Serialnummer fortgeschrieben. Liegt das Einzelstück, also die Serialnummer des Materials, im Lager, besitzt diese den Systemstatus *ELAG = Im Lager*. Ist die Serialnummer einer Lieferung zugeordnet, der Warenausgang zur Lieferung aber noch nicht gebucht, wird der Systemstatus um den Eintrag ELI = *Lieferung zugewiesen* erweitert.

Die Listanzeige der Serialnummern können Sie über Anzeigevarianten so gestalten, dass diese für Sie optimale Aussagekraft besitzen (siehe Abbildung 11.9). Die entsprechenden Einstellungen finden Sie im Menü unter Einstellung • Anzeigevarianten.

Mit einem Doppelklick springen Sie in die Detaildaten der Serialnummern und können sich dort die Historie der Serialnummer anzeigen lassen (siehe Abbildung 11.10).

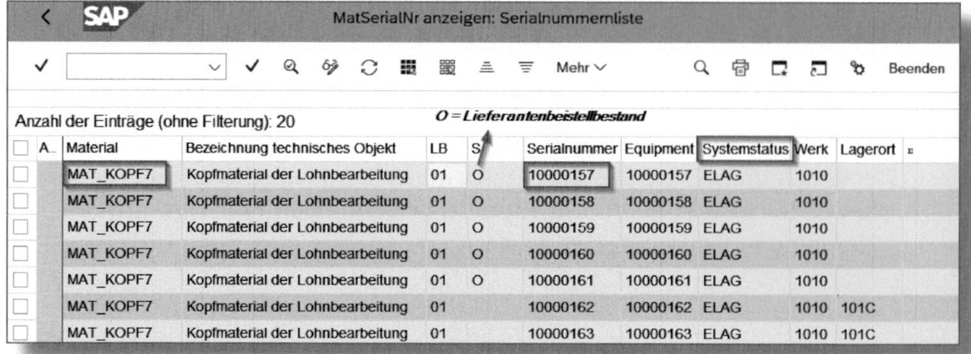

MatSerialNr anzeigen: Serialnummernliste

Anzahl der Einträge (ohne Filterung): 20

*O = Lieferantenbeistellbestand*

| A.. | Material | Bezeichnung technisches Objekt | LB | S | Serialnummer | Equipment | Systemstatus | Werk | Lagerort |
|---|---|---|---|---|---|---|---|---|---|
| | MAT_KOPF7 | Kopfmaterial der Lohnbearbeitung | 01 | O | 10000157 | 10000157 | ELAG | 1010 | |
| | MAT_KOPF7 | Kopfmaterial der Lohnbearbeitung | 01 | O | 10000158 | 10000158 | ELAG | 1010 | |
| | MAT_KOPF7 | Kopfmaterial der Lohnbearbeitung | 01 | O | 10000159 | 10000159 | ELAG | 1010 | |
| | MAT_KOPF7 | Kopfmaterial der Lohnbearbeitung | 01 | O | 10000160 | 10000160 | ELAG | 1010 | |
| | MAT_KOPF7 | Kopfmaterial der Lohnbearbeitung | 01 | O | 10000161 | 10000161 | ELAG | 1010 | |
| | MAT_KOPF7 | Kopfmaterial der Lohnbearbeitung | 01 | | 10000162 | 10000162 | ELAG | 1010 | 101C |
| | MAT_KOPF7 | Kopfmaterial der Lohnbearbeitung | 01 | | 10000163 | 10000163 | ELAG | 1010 | 101C |

*Abbildung 11.9: Listanzeige des Materials mit Serialnummern*

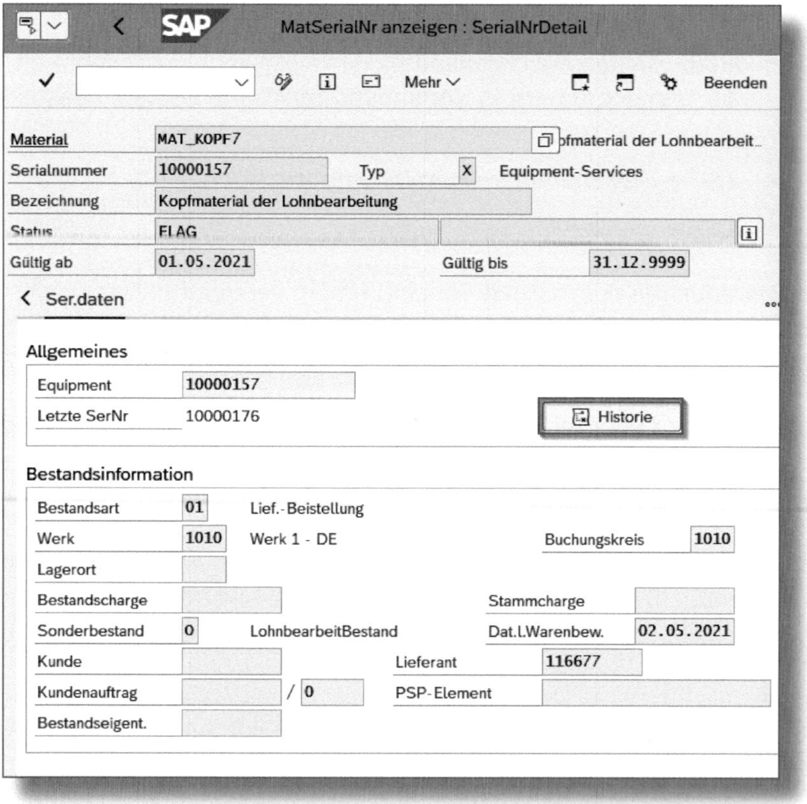

MatSerialNr anzeigen : SerialNrDetail

Mehr Beenden

| | | | |
|---|---|---|---|
| Material | MAT_KOPF7 | ...pfmaterial der Lohnbearbeit... | |
| Serialnummer | 10000157 | Typ X | Equipment-Services |
| Bezeichnung | Kopfmaterial der Lohnbearbeitung | | |
| Status | ELAG | | |
| Gültig ab | 01.05.2021 | Gültig bis | 31.12.9999 |

Ser.daten

**Allgemeines**

| | | |
|---|---|---|
| Equipment | 10000157 | |
| Letzte SerNr | 10000176 | Historie |

**Bestandsinformation**

| | | | | |
|---|---|---|---|---|
| Bestandsart | 01 | Lief.-Beistellung | | |
| Werk | 1010 | Werk 1 - DE | Buchungskreis | 1010 |
| Lagerort | | | | |
| Bestandscharge | | | Stammcharge | |
| Sonderbestand | O | LohnbearbeitBestand | Dat.l.Warenbew. | 02.05.2021 |
| Kunde | | | Lieferant | 116677 |
| Kundenauftrag | / 0 | | PSP-Element | |
| Bestandseigent. | | | | |

*Abbildung 11.10: Serialnummer – Details mit Absprung in die Historie*

### 11.3.6 Weitere Funktionen der ADSUBCON

Schickt der Lohnbearbeiter ein anderes als das ursprünglich zu reparierende Material zurück, wird von einer *ungeplanten Modifikation* gesprochen. In diesem Fall tauschen Sie die ursprüngliche LB-Bestellposition durch ein anderes Material aus. Diesen Materialtausch führen Sie im Lohnbearbeitungsmonitor (Transaktion *ADSUBCON*) mit Bezug zur Bestellung über den Button Materialaustausch durch.

Im darauffolgenden Auswahlbild AUSTAUSCHBARE MATERIALIEN SELEKTIEREN geben Sie das Tauschmaterial und die Menge an. Im Hintergrund wird vom System in der Bestellung eine neue LB-Bestellposition erzeugt, die die ursprüngliche Bestellposition ersetzt. Zu dieser LB-Bestellposition erfolgt die Wareneingangsbuchung. Die Serialnummer der Ursprungsposition soll in die Tauschposition übernommen werden.

# 12 Umbuchung des LB-Bestands

**In diesem Kapitel lernen Sie die Möglichkeiten der Umbuchung des Lieferantenbeistellbestands kennen.**

Der LB-Bestand (SONDERBESTANDSKENNZEICHEN = O) kann in der Bestandsart als *frei verwendbar* oder *in Qualitätsprüfung* geführt sein. Für die Umbuchung des LB-Bestands in eine andere Bestandsart benutzen Sie die Transaktion *MIGO*, AKTION *A08 = Umbuchung*, REFERENZBELEG *R10 = Sonstige*.

Zusätzlich wählen Sie eine Bewegungsart. Die BEWEGUNGSART *542 = Warenrücklieferung Bestand an Lager* bucht den LB-Bestand in den frei verwendbaren Bestand mit Lagerbezug um.

Im VON-Bereich geben Sie den Lieferanten an, aus dessen Dispobereich Bestand entnommen werden soll, während im NACH-Bereich der empfangende Lagerort eingetragen wird (siehe Abbildung 12.1). Im Feld MENGE pflegen Sie die Menge, die umgebucht werden soll.

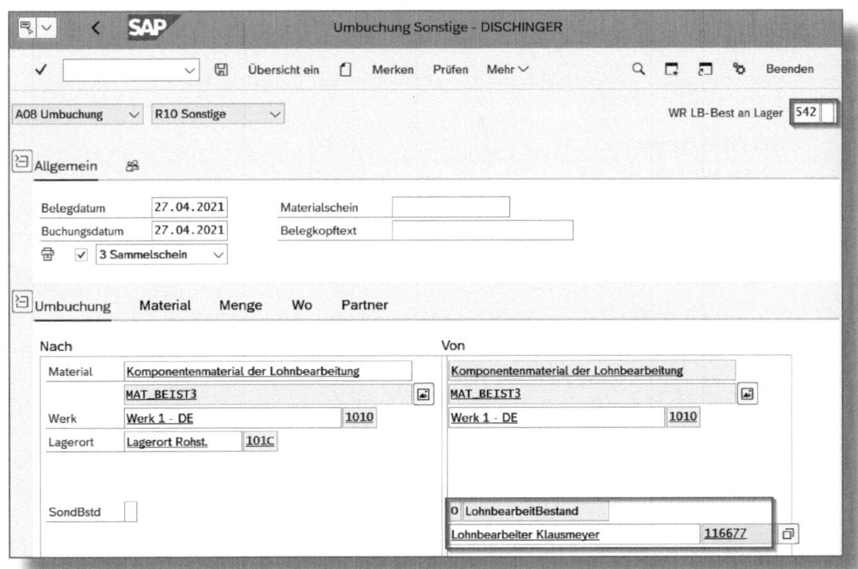


Abbildung 12.1: Umbuchung des LB-Bestands an frei verwendbar

Die gleichen Eingaben können Sie auch in der tabellarischen Übersicht vornehmen. Dazu schalten Sie die jeweilige Detailansicht mithilfe des Buttons ⊟ aus.

Mit der Transaktion *MMBE* (Bestandsübersicht) können Sie sich die Veränderung der Bestandsart je Material anzeigen lassen (siehe Abbildung 12.2).

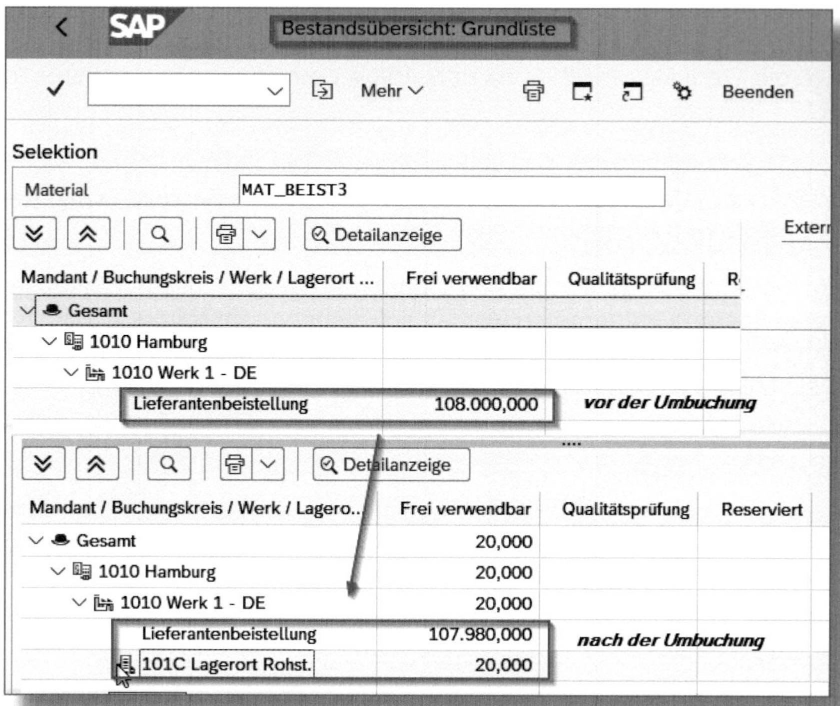


*Abbildung 12.2: Bestandsübersicht vor und nach der Umbuchung*

# 13 Tipps und Tricks

**Abschließend möchte ich Ihnen noch einige Tipps geben und Tricks zeigen, wie Sie anhand geschickter Einstellungen die alltägliche Anwendung von SAP vereinfachen und Programmieraufwendungen umgehen können.**

## 13.1 Anlage von Dispobereichszuordnungen – Massenverarbeitung

Die Zuordnung der Dispobereiche zu jeder einzelnen Beistellkomponente mittels der Transaktion *MM02* ist als sehr aufwendig und damit als unrealistisch im produktiven Betrieb einzuschätzen.

Für eine massenweise Zuordnung der Dispobereiche zur Beistellkomponente und die Ausprägung der Dispobereichsparameter liefert die SAP die Reports *RMMDDIBE* oder *RMMDDIBE02* aus. Beide Reports führen dieselbe Funktion aus, unterscheiden sich aber in der Art der Darstellung der Selektionskriterien.

Sie rufen die Reports mit der Transaktion *SE38* (ABAP Editor) oder mit der Transaktion *SA38* (ABAP Programmausführung) auf.

**Berechtigungskonzept**

Sollten die Transaktionen SE38 und SA38 nicht zum Berechtigungskonzept der ausführenden Mitarbeiter passen, so ist es sinnvoll, sich für die Ausführung des Reports einen eigenen Transaktionscode mit der Transaktion *SE93* anzulegen (siehe Abschnitt 13.3).

### 13.1.1 Ermittlung der Selektionskriterien

Bevor einer der Reports benutzt werden kann, müssen Sie die Beistellkomponenten sowie den Lohnbearbeiter zum Kopfmaterial ermitteln.

Dabei sollten Sie wie folgt vorgehen:

1. Ermittlung der Kopfmaterialien
2. Ermittlung der Lohnbearbeiter zu den Kopfmaterialien
3. Ermittlung der Beistellkomponenten

**Schritt 1: Ermittlung der Kopfmaterialien**

Wenn wir von »Kopfmaterialien« sprechen, sind alle Materialien gemeint, die den SOBSL 30 im Materialstamm besitzen.

Leider bietet SAP S/4HANA keine Transaktion, in der Materialstämme massenweise je Feld ausgewertet werden können. Für unseren Zweck der Selektion der Materialstämme mit SOBSL 30 können wir aber die Transaktion *MM17* (Massenänderung von Materialstämmen) benutzen. Dazu wählen Sie im Einstiegsbild die Tabelle MARC aus und bestätigen mit [F8] oder ⏲ (siehe Abbildung 13.1).

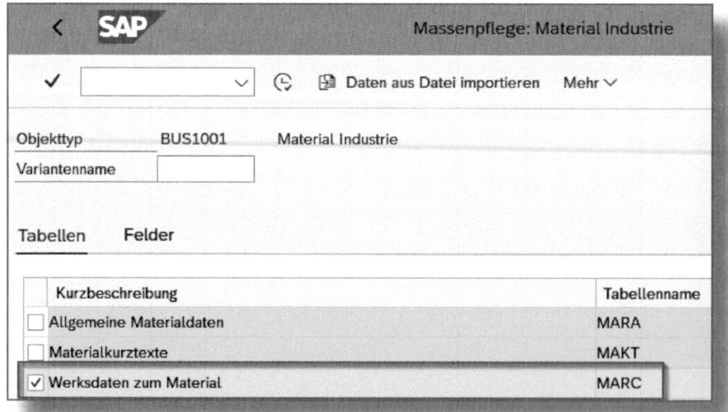


*Abbildung 13.1: Einstiegsbild »Transaktion MM17«*

Im nächsten Bild sehen Sie nun die standardmäßig voreingeblendeten Felder MATERIAL und WERK. Wählen Sie das Selektionsfeld SONDERBESCHAFFUNG mit der Schaltfläche hinzu.

Sie gelangen in die Feldauswahl. In der rechten Tabelle sehen Sie das Feld SONDERBESCHAFFUNG, das nun in die linke Tabelle übertragen werden muss. Mit dem Betätigen des Icons < gelingt das Übertragen (siehe Abbildung 13.2).

Sie bestätigen die Feldauswahl mit Enter oder ✓.

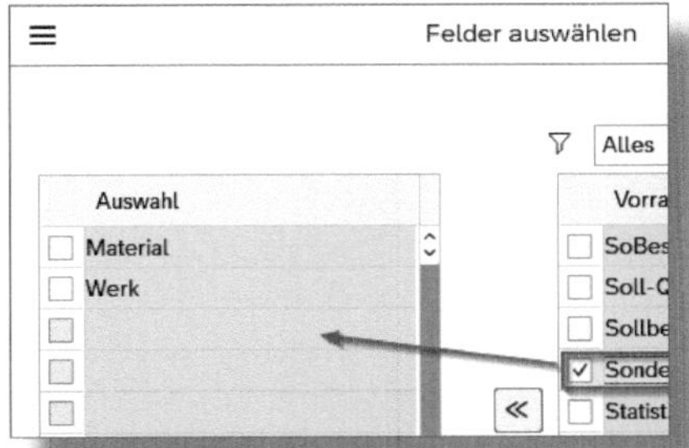


*Abbildung 13.2: Selektionsfeldauswahl*

Das Feld SONDERBESCHAFFUNG erscheint nun im Selektionsbild der zuvor gewählten Tabelle MARC.

Sie befüllen das Feld SONDERBESCHAFFUNG mit dem Wert *30* = Lohnbearbeitung. Anschließend führen Sie die Selektion aus:

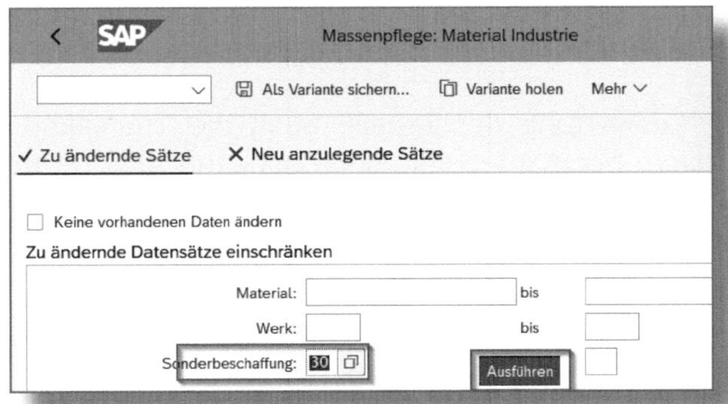


*Abbildung 13.3: Feld »Sonderbeschaffung« als Selektionsfeld*

Im sich öffnenden Selektionsergebnis finden Sie alle Materialien mit dem SOBSL 30. In unserem Fall sind sämtliche Materialien in allen Werken selektiert worden, denn wir haben die Selektion nicht auf bestimmte Werke eingeschränkt (siehe Abbildung 13.4).

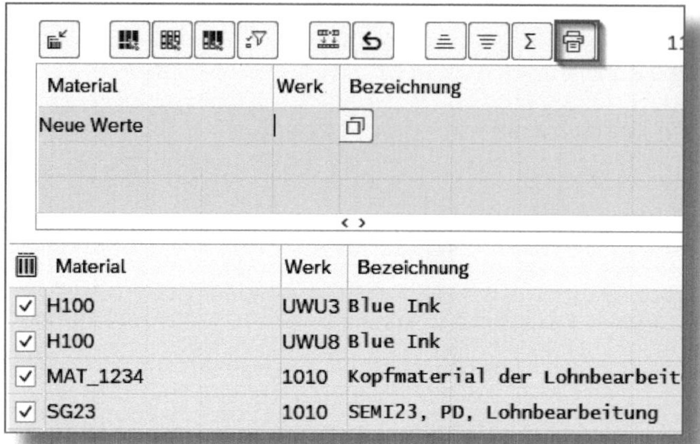


*Abbildung 13.4: Selektionsergebnis nach SOBSL*

Mit der Druckoption können Sie nun in die ausleitbare ALV-Liste springen, die sich dann beispielsweise in Excel weiterverarbeiten lässt (siehe Abbildung 13.5).

Wenn eine feldweise Auswertung des Materialstamms im produktiven Betrieb öfter benötigt wird, empfiehlt es sich, zu den Materialstammtabellen *MARA, MARC, MARD* und *MARC* eine Query anzulegen und dieser eine Transaktion zuzuweisen (siehe Abschnitt 13.2).

Natürlich kann zur Auswertung der Tabelle auch die Transaktion *SE16N (Tabellenanzeige)* benutzt werden, doch scheitert dies oft an der fehlenden Berechtigung.

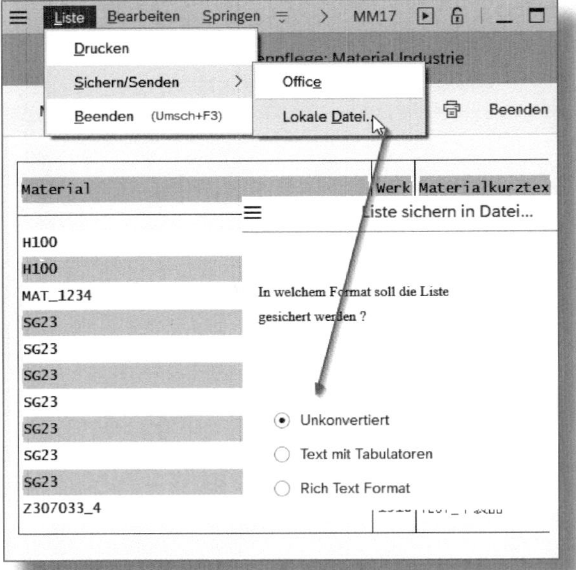


*Abbildung 13.5: Ausleitbare ALV-Liste*

### Schritt 2: Ermittlung der Lohnbearbeiter zu den Kopfmaterialien

Im Infosatz ist der Lieferant dem Material zugeordnet. Nun ist es notwendig, die Infosätze der Kopfmaterialien vom Infotyp *3 = Lohnbearbeitung* zu ermitteln.

Mit der Transaktion *ME1M (Infosätze zum Material)* können Sie die Kopfmaterialien wie auch den Infotyp selektieren.

Gewöhnlich wird das Selektionsergebnis in dieser Transaktion zeilenweise dargestellt und ist nicht auswertbar (siehe Abbildung 13.6). Mithilfe eines Nutzerparameters wandeln Sie diese Anzeige in eine tabellarische Ansicht um.

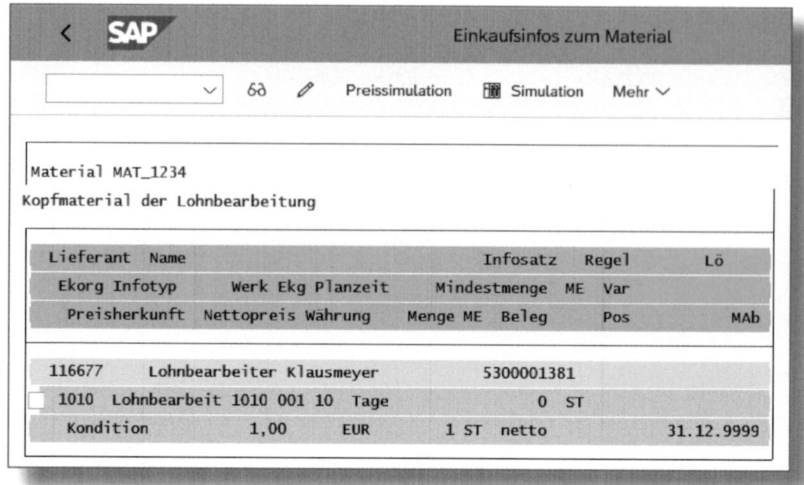


*Abbildung 13.6: Infosatz – zeilenweise Darstellung*

**Einkaufsreporting als ALV – tabellarische Darstellung**

Mithilfe des Benutzerparameters ME_USE_GRID mit der Ausprägung X werden Einkaufsreports als auswertbare Listen dargestellt.

Der BENUTZERPARAMETER wird in den eigenen Daten gesetzt. Dazu folgen Sie dem Menüpfad SYSTEM • BENUTZERVORGABEN • BENUTZERDATEN oder Sie benutzen die Transaktion *SU3*.

Auf dem Reiter **Parameter** wird der Parameter *ME_USE_GRID* mit seinem PARAMETERWERT = *X* gepflegt (siehe Abbildung 13.7).

Das Selektionsergebnis der Transaktion *ME1M* wird nun tabellarisch ausgegeben (siehe Abbildung 13.8). Über die Einstellung von Listvarianten können Sie die tabellarische Ansicht wie gewohnt an Ihre jeweiligen Bedürfnisse anpassen.

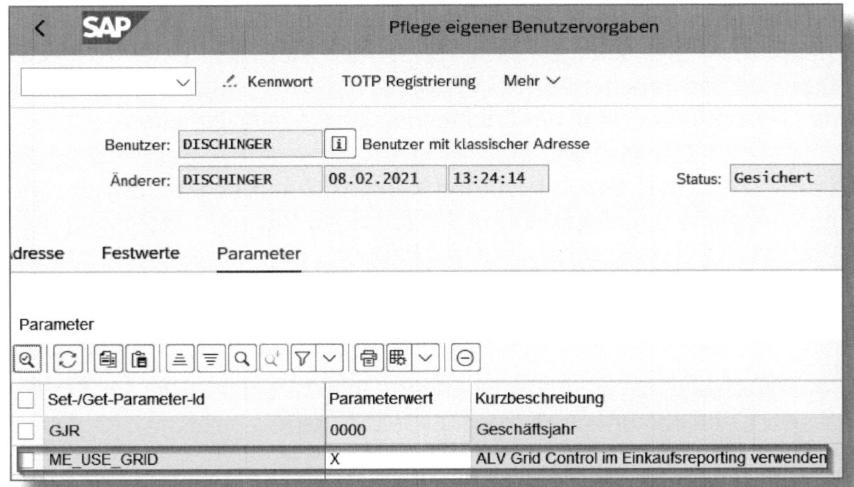


*Abbildung 13.7: Parameterpflege in den Benutzerdaten*

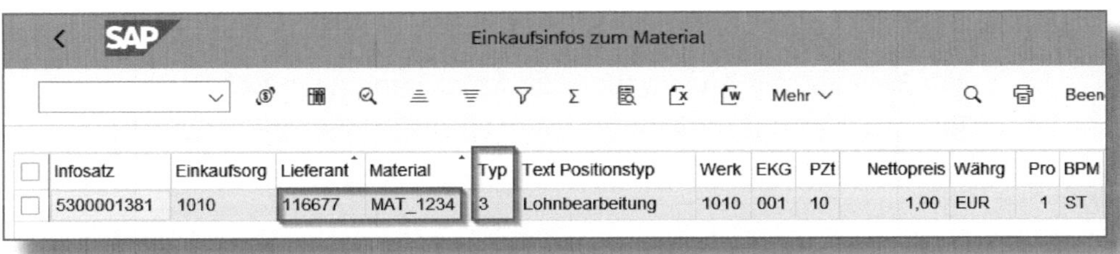


*Abbildung 13.8: Infosatz – tabellarische Darstellung*

**Schritt 3: Ermittlung der Beistellkomponenten**

Sobald uns die Kopfmaterialien der Lohnbearbeitung und deren Lieferanten bekannt sind, gilt es, die Beistellkomponenten je Kopfmaterial und je Lieferant zu ermitteln. Dazu müssen die Stücklisten der Kopfmaterialien ausgewertet werden.

Für die Einzelansicht einer Stückliste benutzen Sie die Transaktion *CS03 (Stückliste anzeigen)*.

Für die massenweise Auswertung von Stücklisten bietet SAP S/4HANA leider keine Transaktion, doch können Sie sich zum einen mit einer Query zu den Tabellen MAST, STKO, STAS, STPO und zum anderen mit der Transaktion *CEWB*, der *Engineering Workbench*, behelfen.

Bevor die CEWB benutzt werden kann, müssen im Customizing Arbeitsbereiche angelegt werden. Dazu folgen Sie im Customizing dem Pfad SPRO • LOGISTIK ALLGEMEIN • PRODUCT LIFECYCLE MANAGEMENT • GRUNDDATEN • ENGINEERING WORKBENCH• ARBEITSBEREICHE BEARBEITEN oder greifen auf die Transaktion *OP77* zurück.

Im *Arbeitsbereich* werden diejenigen Objekte eingestellt, die Sie bearbeiten wollen. Ein Arbeitsbereich besteht aus

- einem Fokus = der Objekttyp, anhand dessen selektiert wird (z. B. Stücklistenkopf oder Stücklistenposition), und
- einem Arbeitsumfeld = Objekttypen, die außerdem bearbeitet werden sollen (z. B. Stücklistenunterpositionen).

Für unser Beispiel, die Auswertung der Stücklisten nach Beistellkomponenten, ziehen wir den ARBEITSBEREICH *Stücklistenpositionen* heran (siehe Abbildung 13.9).

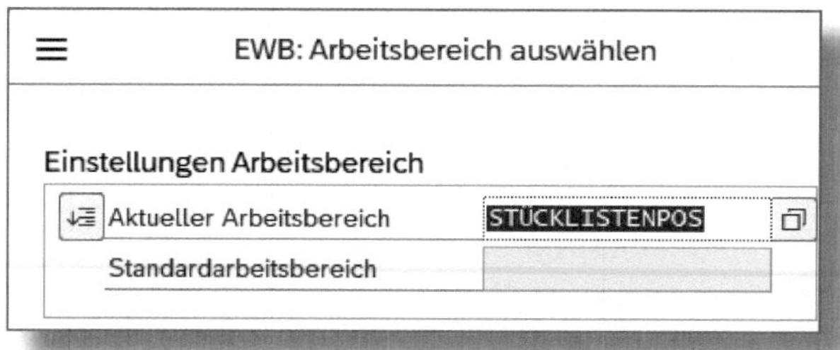


*Abbildung 13.9: Auswahl des Arbeitsbereichs in der CEWB*

In Abbildung 13.10 sind die Customizing-Einstellungen für den ARBEITSBEREICH *Stücklistenpositionen* zu erkennen.

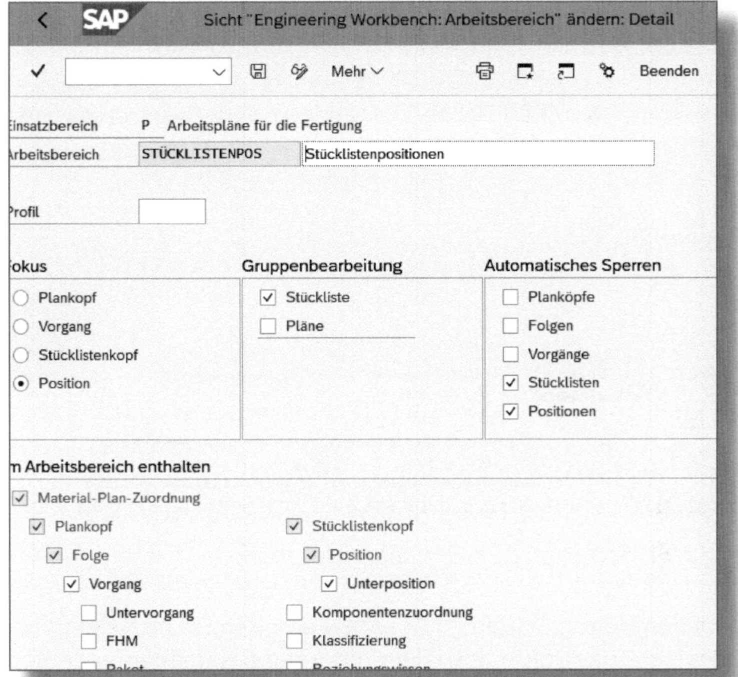


*Abbildung 13.10: Customizing – Detail des Arbeitsbereichs »Stücklistenpositionen«*

Die CEWB dient natürlich nicht nur der Anzeige von Stücklistenpositionen, sondern eben auch der massenweisen Verarbeitung und Änderung von Stücklisten und Arbeitsplänen.

Im Einstiegsbild sind die Selektionsfelder zu bestimmen. Für unseren Anwendungsfall ist es ausreichend, die Kopfmaterialien in das Feld MATERIAL einzutragen (siehe Abbildung 13.11). Die Möglichkeit der Mehrfachauswahl von Kopfmaterialien zeigt an, dass mehrere Stücklisten ausgewertet werden können.

Soll sich die Suche nur auf ein bestimmtes Werk beschränken, gilt es, das Feld WERK ebenfalls zu bewerten.

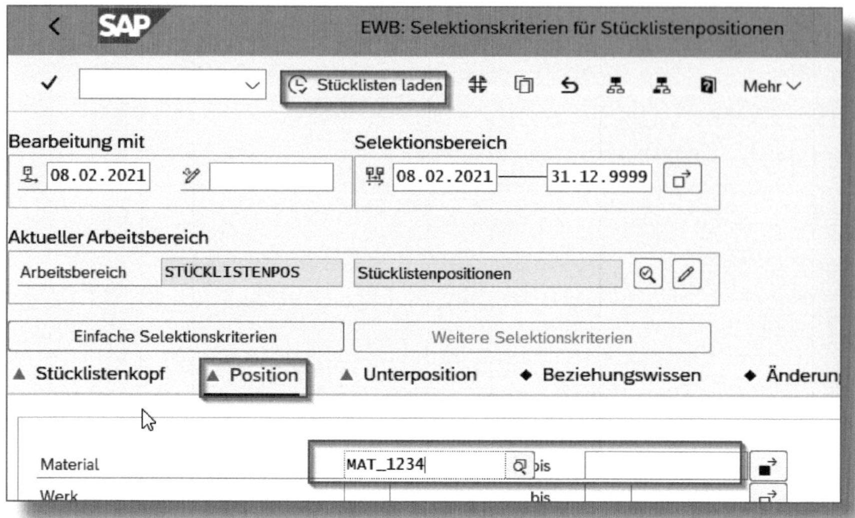


*Abbildung 13.11: Selektion CEWB – Feld »Material«*

Mit Klick auf den Button STÜCKLISTEN LADEN erhalten Sie im Selektionsergebnis die Liste der Kopfmaterialien mit ihren Beistellkomponenten (siehe Abbildung 13.12).

In der Ergebnisliste würden Sie nun normalerweise massenweise Änderungen an Stücklisten durchführen; diese Funktionen wollen wir für unseren Anwendungsfall jedoch nicht einsetzen. Stattdessen wollen wir die Ergebnisliste in ein weiterzuverarbeitendes Format umwandeln. Dazu benutzen Sie den Button [Druck-Symbol]. Damit springen Sie in eine druckbare Liste, die auch die Option der Excel-Ausleitung anbietet (siehe Abbildung 13.13).

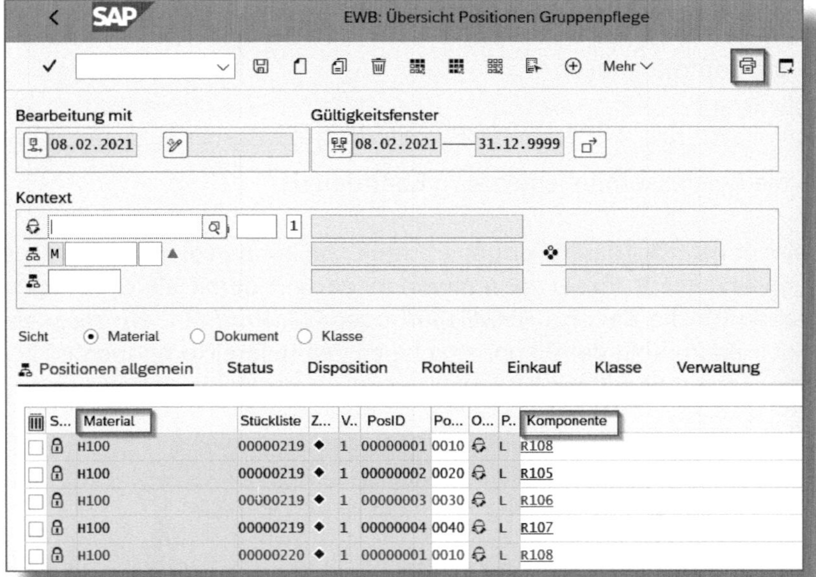


*Abbildung 13.12: Ergebnisliste der CEWB*

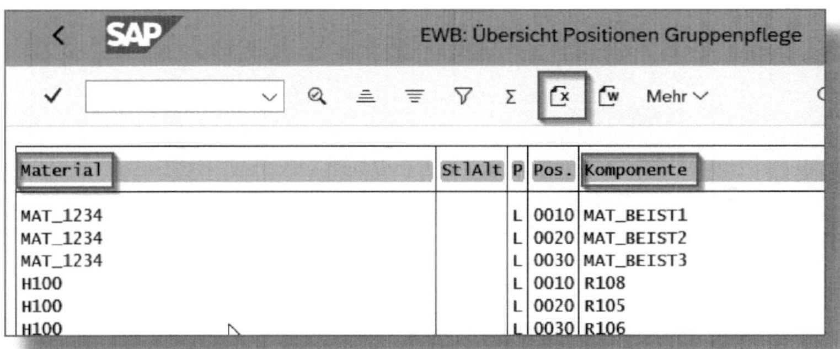


*Abbildung 13.13: Ergebnisliste im weiterzuverarbeitenden Format*

In den drei oben beschriebenen Schritten haben Sie

1. die Kopfmaterialien,
2. die Lohnbearbeiter zum Kopfmaterial und
3. die Beistellkomponenten zum Kopfmaterial

in einem verarbeitbaren Format ermittelt. Sie können diese Ergebnisse beispielsweise in Excel zusammenfassen und damit als Selektionskriterien für die Reports *RMMDDIBE* oder *RMMDDIBE02* zur massenweisen Zuordnung der Dispobereiche zu den Beistellkomponenten benutzen (siehe Abbildung 13.14).

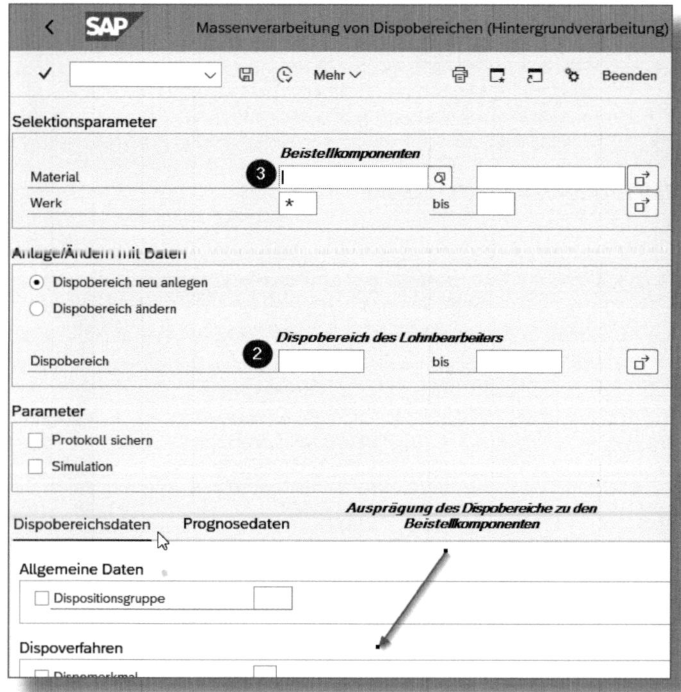


*Abbildung 13.14: Selektionsbild des Reports »RMMDDIBE02«*

### 13.1.2 Löschen von Dispobereichszuordnungen

Leider bietet SAP S/4HANA keine Standardtransaktion zum vollständigen Löschen von Dispobereichszuordnungen. Es kann lediglich in der Einzelverarbeitung im Materialstamm oder mittels der Reports *RMMDDIBE* oder *RMMDDIBE02* ein Löschkennzeichen gesetzt werden (siehe Abbildung 13.15).

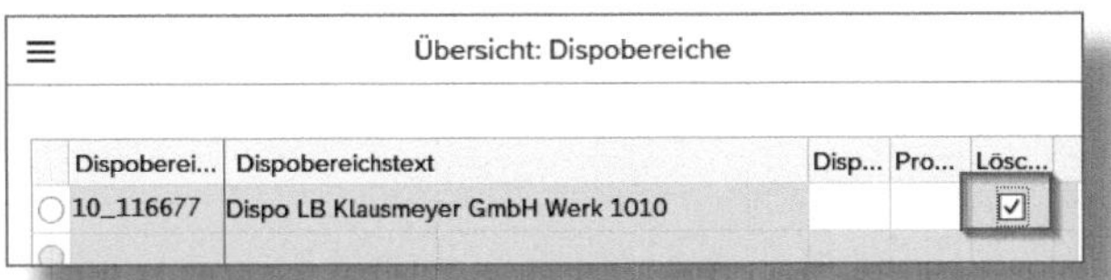


*Abbildung 13.15: Zuordnung des Dispobereichs mit Löschkennzeichen*

Im SAP-Hinweis 545444 »Reorganisation von Materialien in Dispobereichen« wird ein Report ausgeliefert, der Dispobereichszuordnungen mit Löschkennzeichen von der Datenbank löscht.

## 13.2 Eigene Transaktionscodes anlegen

Der Aufruf von Reports über die Transaktion *SE38* gestaltet sich als nicht anwenderfreundlich. Aus diesem Grund können Sie eigene Transaktionscodes generieren, die dann den entsprechenden Report aufrufen. Dazu erdenken Sie sich einen Transaktionscode, der sich nicht im SAP-Namensraum befindet und im Sprachgebrauch des Anwenders leicht zu platzieren ist. Empfehlenswert ist es, alle eigenen Transaktionscodes mit einem »Z« zu beginnen, um sie von den SAP-Standardtransaktionscodes abzugrenzen.

Zur Anlage wählen Sie die Transaktion *SE93 (Transaktionspflege)*.

In Abbildung 13.16 sehen Sie das Einstiegsbild. Dort pflegen Sie das Feld TRANSAKTIONSCODE mit Ihrem gewünschten Code und wählen den Button Anlegen.

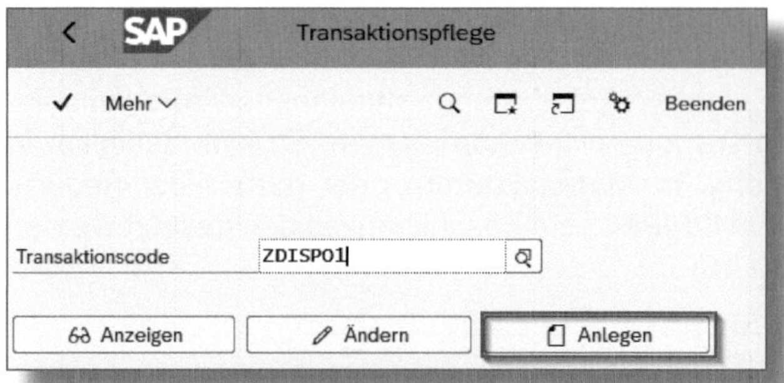


*Abbildung 13.16: Einstiegsbild zur Transaktionspflege*

Im nächsten Bild legen Sie den KURZTEXT und das STARTOBJEKT für Ihre Transaktion fest (siehe Abbildung 13.17).

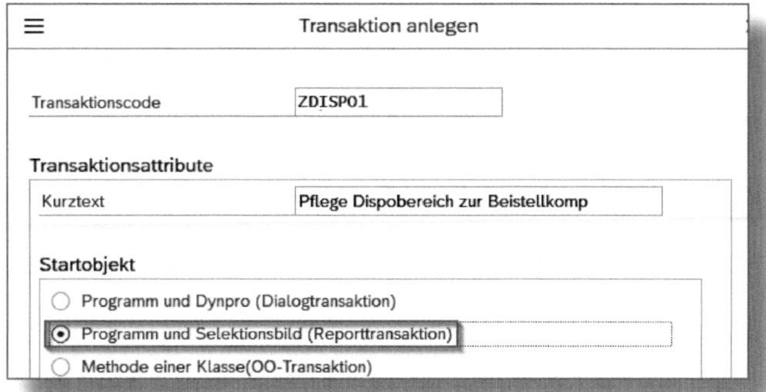


*Abbildung 13.17: Zuordnung von Kurztext und Startobjekt*

Im letzten Schritt ordnen Sie im Feld PROGRAMM den Report zu (siehe Abbildung 13.18).

Mit dem Button [Speichern-Symbol] sichern Sie den neuen Transaktionscode. Sie können ihn dann Ihren Favoriten im Menübaum zuordnen.

*Abbildung 13.18: Zuordnung des Reports*

## 13.3 Löschen von Dispobereichen

Das Löschen eines Dispobereichs nehmen Sie im Customizing unter folgendem Pfad vor:

SPRO • PRODUKTION • BEDARFSPLANUNG • STAMMDATEN • DISPOSITIONSBEREICHE • DISPOBEREICHE FÜR LOHNBEARBEITER DEFINIEREN.

Das Löschen gelingt aber nur dann, wenn der Dispobereich keine Zuordnung zur Beistellkomponente aufweist. Falls dies der Fall sein sollte, ist es nicht ausreichend, die Zuordnung mit einem Löschkennzeichen zu versehen. Die Zuordnung darf auf der Datenbank nicht mehr vorhanden sein. Der SAP-Hinweis 545444 enthält eine Erläuterung, wie die Zuordnung von der Datenbank gelöscht werden kann. Ohne vertiefte IT-Kenntnisse ist dieser Hinweis allerdings leider nicht zu verstehen. Holen Sie sich entsprechende Hilfe.

## 13.4 Fertigungsversion in Massenverarbeitung

Mit S/4HANA ist die Pflege von Fertigungsversionen verpflichtend. Ohne Fertigungsversionen würde der MRP-Lauf weder die Stückliste noch den Arbeitsplan zum Material finden.

Die Anlage von Fertigungsversionen in der Einzelverarbeitung gestaltet sich aufwendig, eine Variante zur Massenverarbeitung lohnt daher.

### 13.4.1 Anlage per Report

Für die massenweise Anlage der Fertigungsversionen bietet SAP den Report *CS_BOM_PRODVER_MIGRATION02* an, den Sie mit der Transaktion *SE38* aufrufen.

Abbildung 13.19 zeigt die vielfältigen Selektionsoptionen zu diesem Report.

Die nicht selbsterklärenden Selektionskriterien sollen an dieser Stelle kurz erläutert werden.

MIGRATIONSKRITERIEN

- NUR PV MIT ARBEITSPLAN:
  Es werden nur Fertigungsversionen angelegt, wenn eine gültige Stückliste und ein gültiger Arbeitsplan vorhanden sind.
- NUR FV, WENN KEINE VORHANDEN:
  Es werden nur Fertigungsversionen angelegt, wenn eine gültige Stücklistenalternative existiert. Ist diese Stücklistenalternative bereits einer Fertigungsversion zugeordnet, auch ohne aktuelle Gültigkeit, wird keine neue Fertigungsversion angelegt.
- NUR D. ARBEITSPLAN ZUGEW. STL.:
  Es werden nur Fertigungsversionen angelegt, wenn den Arbeitsplänen eine Stückliste zugewiesen ist.

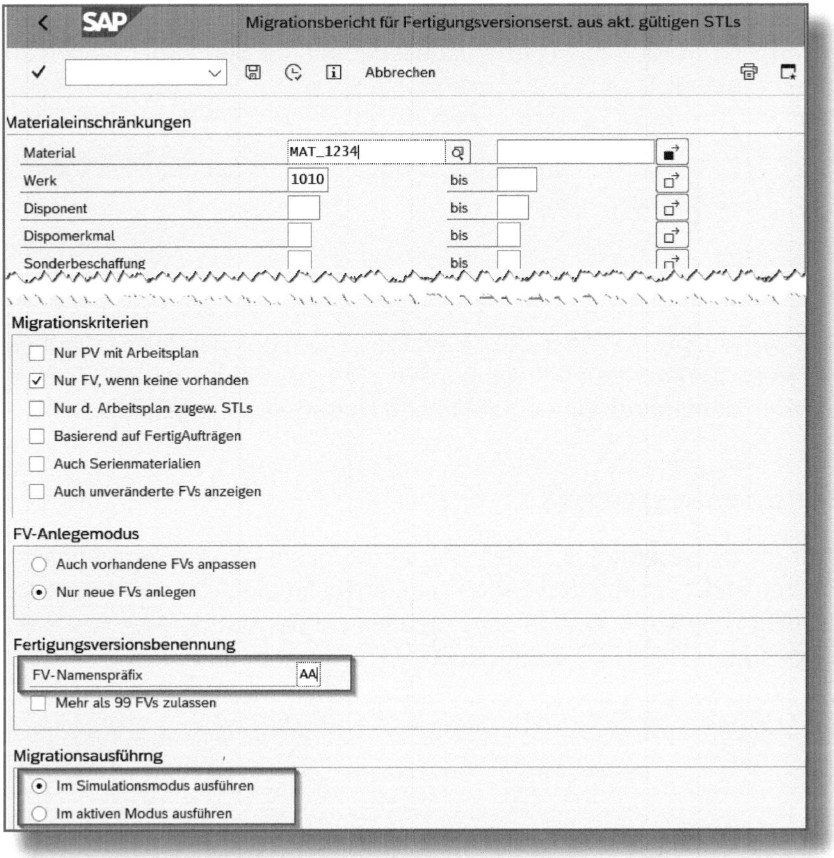

Abbildung 13.19: Selektionsoptionen des Reports

- BASIEREND AUF FERTIGAUFTRÄGEN:
  Es werden nur Fertigungsversionen angelegt, wenn Stücklistenalternativen und Arbeitspläne in Fertigungsaufträgen verwendet werden, die im Bereich FERTIGUNGSAUFTRAGSEINSCHRÄNKUNGEN selektiert worden sind. Dabei ist zu beachten, dass nur die Fertigungsaufträge der internen Fertigung geprüft werden, für Dummy- oder Stücklisten der Lohnbearbeitung gilt diese Einschränkung nicht.

- AUCH SERIENMATERIALIEN:
  Es werden auch Fertigungsversionen für Serienmaterialien angelegt.
- AUCH UNVERÄNDERTE FVS ANLEGEN:
  Es werden im Simulationsmodus auch vorhandene Fertigungsversionen angezeigt.

### FERTIGUNGSVERSIONSBENENNUNG

Mit dieser Option können Sie die ersten beiden Zeichen der Fertigungsversionsnummerierung beeinflussen. Die nächsten beiden Zeichen werden dann durch eine aufsteigende Nummerierung gebildet.

### MIGRATIONSAUSFÜHRUNG

Nur im aktiven Modus haben Sie die Möglichkeit, die Fertigungsversionen in der Ergebnisliste auch anzulegen. Ist die Selektion im aktiven Modus eingestellt, wird in der Ergebnisliste der Button Auswahl genehmigen angeboten (siehe Abbildung 13.20).

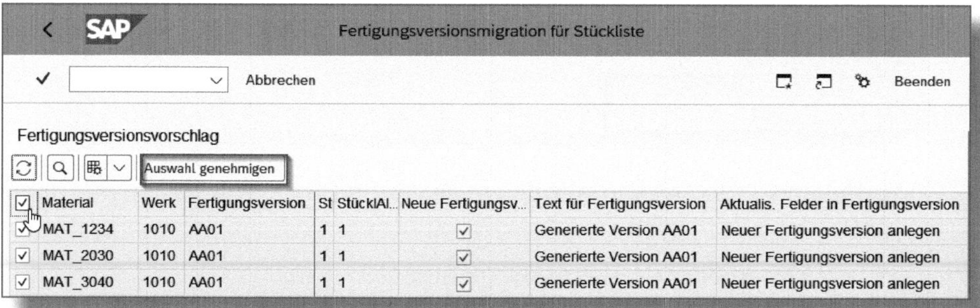


| Material | Werk | Fertigungsversion | St | StücklAl... | Neue Fertigungsv... | Text für Fertigungsversion | Aktualis. Felder in Fertigungsversion |
|---|---|---|---|---|---|---|---|
| MAT_1234 | 1010 | AA01 | 1 | 1 | ☑ | Generierte Version AA01 | Neuer Fertigungsversion anlegen |
| MAT_2030 | 1010 | AA01 | 1 | 1 | ☑ | Generierte Version AA01 | Neuer Fertigungsversion anlegen |
| MAT_3040 | 1010 | AA01 | 1 | 1 | ☑ | Generierte Version AA01 | Neuer Fertigungsversion anlegen |

*Abbildung 13.20: Ergebnisliste des Reports*

Anschließend müssen die Fertigungsversionen, die angelegt werden sollen, selektiert und mit dem Button Auswahl genehmigen bestätigt werden.

Ist die Auswahl bestätigt, werden die Datensätze in der Tabelle MKAL erzeugt und das Feld VERKZ (Versionskennzeichen) wird in der Tabelle MARC mit dem Wert *X = Fertigungsversion vorhanden* bewertet.

In der Ergebnisliste kann die Nummerierung der Fertigungsversionen vor der Genehmigung angepasst werden. Die Liste bietet jedoch leider keine direkte Möglichkeit des Filterns oder der Änderung des Textes für die Fertigungsversion.

Auch zum Aufruf dieses Reports können Sie eine eigene Transaktion anlegen (siehe Abschnitt 13.2).

### 13.4.2 Änderung per Transaktion

Die nachträgliche Änderung der Fertigungsversionen, beispielsweise der automatisch generierten Fertigungsversionstexte, gelingt mit der Transaktion *C223 (Fertigungsversion Massenpflege)*. Diese Transaktion finden Sie im SAP-Menü unter LOGISTIK • PRODUKTION PROZESS • STAMMDATEN • FERTIGUNGSVERSIONEN.

In Abbildung 13.21 sehen Sie das Einstiegsbild in die Transaktion. An dieser Stelle ist es wichtig zu wissen, dass die Änderungen der Fertigungsversionen gesammelt nur in einem Werk durchgeführt werden können und dass sich die Optionen der ERWEITERTEN SELEKTION hinter dem Button [⇗] befinden. Durch geschickte Kombination der SELEKTIONSBEDINGUNGEN können Sie die gewünschten Fertigungsversionen finden.

Wenn Sie die erweiterten Selektionsoptionen nicht füllen, werden alle Fertigungsversionen des gewählten Werks in der Ergebnisliste dargestellt.

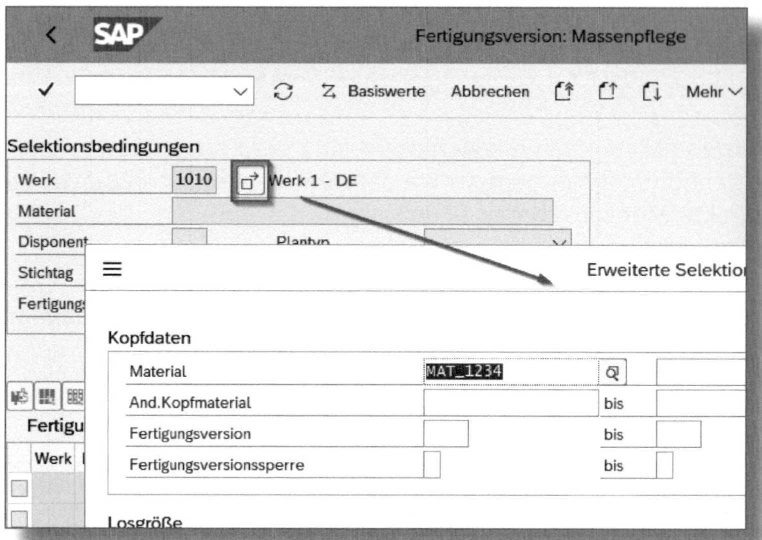


*Abbildung 13.21: Erweiterte Selektionsoptionen in der C223*

Leider bietet die *C223* keine der gewohnten Funktionen für eine Massenänderung an.

Der Text für die FERTIGUNGSVERSION kann in der Tabelle einzeln und massenweise nur für die Anzahl der Ergebniszeilen im Bildschirm geändert werden. Zu diesem Zweck lohnt es sich, eine Excel-Liste als Kopiervorlage zu erstellen.

Mit dem Button Konsistenzprüfung kann der STATUS aller markierten Fertigungsversionen geprüft werden.

SAP bietet nunmehr auch eine Fiori-App »Fertigungsversion bearbeiten« an. Doch auch diese App zielt lediglich auf die Änderung einzelner Fertigungsversionen ab.

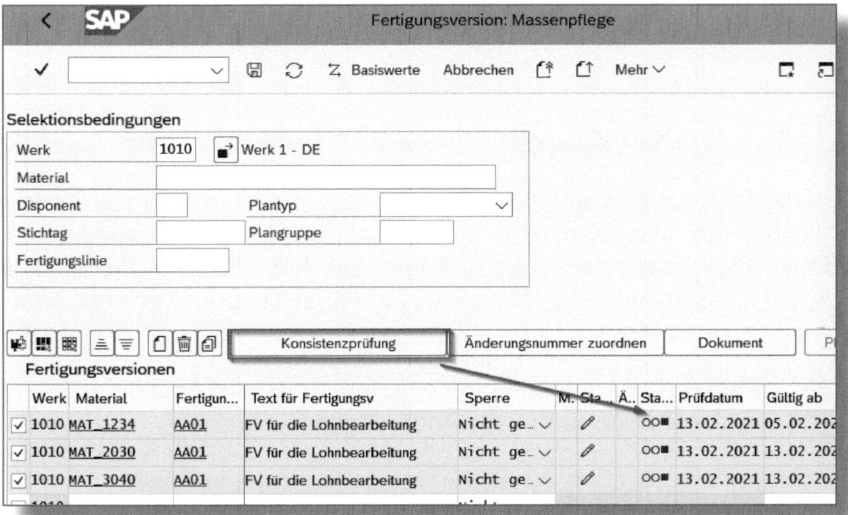


*Abbildung 13.22: Ergebnisliste der C223*

## 13.5 Änderung Infosätze – Massenverarbeitung

Für die Massenänderung von Infosätzen bietet SAP folgende Transaktionen an:

- Transaktion *MEKP (Preisänderung für Infosätze des Lieferanten)*
  Mit dieser Transaktion können Sie die Preise selektierter Konditionsarten ändern.

- Transaktion *MASS_EINE (Infosatz Massenpflege)*
  Mit dieser Transaktion lassen sich die Felder in den Infosätzen ändern, die sich in der Tabelle EINE befinden. Es werden auch die neuen S/4HANA-Felder, wie die automatische Bezugsquellenfindung und die zeitnahe Verbrauchsbuchung, zur Änderung angeboten.

- Transaktion *MEMASSIN (Massenpflege Einkaufsinfosatz)*
  Diese Transaktion ermöglicht die Änderung der Infosatzfelder der Tabellen EINA und EINE. Jedoch werden in dieser Transaktion die neuen S/4HANA-Felder nicht zur Änderung angeboten.

# 13.6 Nützliche Einstellungen für die MD04

## 13.6.1 Werksübergreifende Sicht – Customizing

Wenn Sie in mehreren Dispobereichen oder auch in einigen Werken disponieren, ist es sinnvoll, in der Transaktion *MD04* die werksübergreifende Sicht einzustellen. Dazu folgen Sie dem Pfad im Customizing SPRO • PRODUKTION • BEDARFSPLANUNG • AUSWERTUNG• MATERIALGRUPPIERUNGEN ANZEIGEN.

Sie haken dort die entsprechende Option an (siehe Abbildung 13.23) und begutachten daraufhin die Änderungen in der MD04.

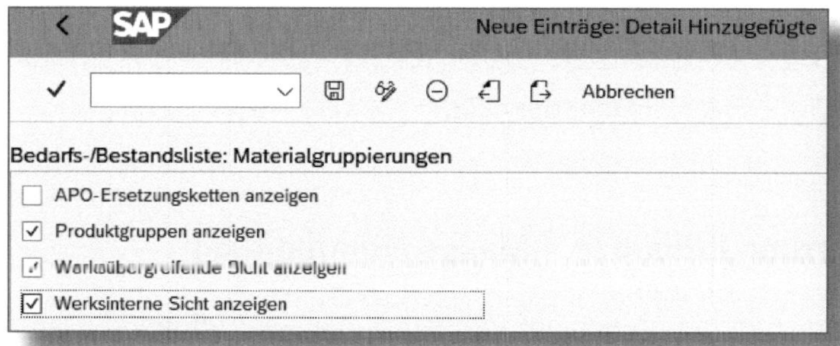


*Abbildung 13.23: Einstellung der werksübergreifenden Sicht »MD04«*

## 13.6.2 Materialgruppierungen

Die WERKSÜBERGREIFENDE SICHT erscheint nun zur Auswahl in der MD04. Sie sehen hier alle Dispoelemente zum Material aus allen Dispobereichen und Werken in einer Übersicht (siehe Abbildung 13.24).

Der in der werksübergreifenden Sicht recht ungeordnet erscheinende Überblick kann reduziert werden, indem ein separater Bestandsabschnitt je Dispobereich eingezogen wird und die UL-Res im Dispobereich des Lohnbearbeiters ausgeblendet werden.

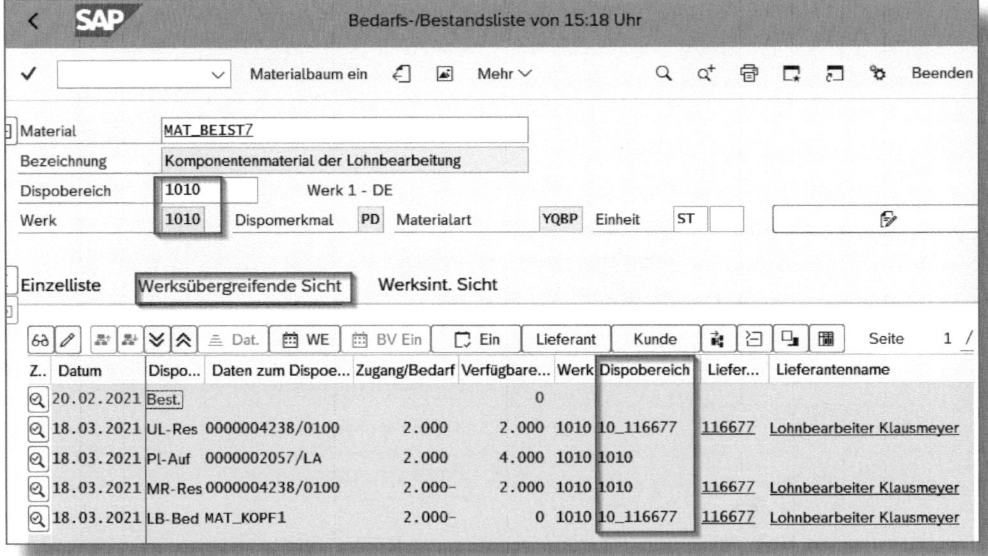


*Abbildung 13.24: MD04 mit werksübergreifender Sicht*

Die Einstellung des separaten Bestandsabschnitts wählen Sie gemäß Abbildung 13.25 unter EINSTELLUNGEN • BENUTZEREINSTELLUNG in der *MD04*.

Über BENUTZEREINSTELLUNGEN • MATERIALGRUPPIERUNGEN • ANZEIGE REGISTRIERKARTEN FÜR GRUPPIERUNGEN = *automatisch* ❶ wird der Reiter WERKSÜBERGREIFENDE SICHT immer dann angezeigt, wenn das Material mehreren Werken bzw. Dispobereichen zugeordnet ist. Ist dies nicht der Fall, wird einzig der Reiter EINZELLISTE zur Anzeige gebracht.

Der Haken bei SEPARATE DISPOSITIONSBEREICHE ❷ zieht den Bestandsabschnitt für den Dispobereich des Lohnbearbeiters als weitere Zeile ein. In diesem Bestandsabschnitt werden die Beistellkomponenten getrennt vom Werksbestand disponiert.

Ein Filter ❸ blendet die UL-RES im Dispobereich des Lohnbearbeiters aus. Die Information der UL-Res ist für die Disposition nicht zwingend notwendig, denn der Sachverhalt der Umlagerung wird ausreichend mit der MR-RES im Werk dargestellt. Die Einstellungen zum Filter entnehmen Sie dem Abschnitt 13.6.3.

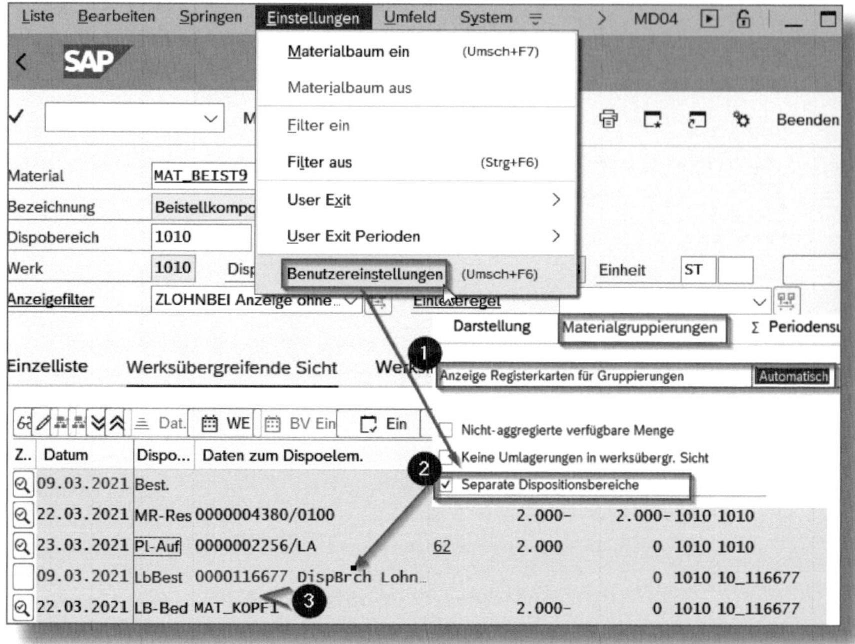

*Abbildung 13.25: Benutzereinstellung des Bestandsabschnitts*

Der Haken bei KEINE UMLAGERUNGEN IN WERKSÜBERGREIFENDER SICHT kann theoretisch ebenfalls zur reduzierten Darstellung in der werksübergreifenden Sicht genutzt werden. Dieser würde bewirken, dass sowohl die MR-RES im Werk als auch die UL-RES im Dispobereich ausgeblendet werden. Auf den ersten Blick erscheint die *MD04* dann zwar noch übersichtlicher, allerdings würde im Werk in diesem Fall nur der Bedarfsdecker ohne den Bedarfsanforderer erhalten bleiben. Dies ist für die Disposition ein nicht zu akzeptierender Informationsverlust.

## 13.6.3 Filtereinstellungen

Im Customizing können spezielle Filter für die *MD04* hinterlegt werden. Für das Einstellen von Filtern folgen Sie dem Pfad SPRO • PRODUKTION • BEDARFSPLANUNG • AUSWERTUNG • FILTER • ANZEIGEFILTER FESTLEGEN.

Um die UL-Res im Dispobereich auszublenden, wählen Sie im Reiter **Dispositionselemente** die Option Uml.-Reservierungen nicht anzeigen. Alle anderen Dispoelemente erhalten den Eintrag **1 anzeigen**.

Im Reiter **Abschnitte** haken Sie alle Abschnitte an.

Wenn Sie immer mit diesem Filter in die *MD04* einsteigen wollen, wählen Sie in der Transaktion die in Abbildung 13.26 gezeigten Benutzereinstellungen.

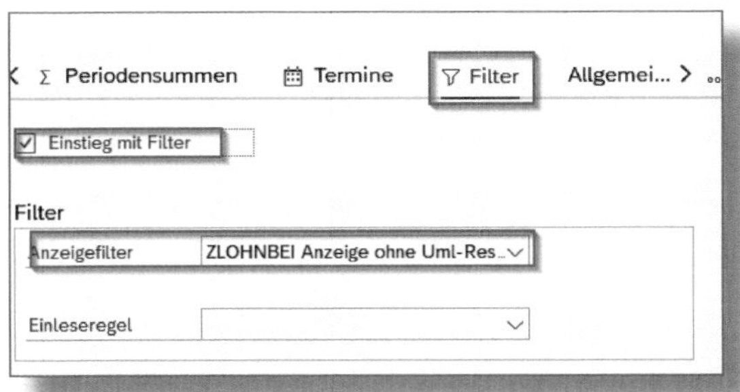


*Abbildung 13.26: MD04, Benutzereinstellungen – Filter*

## 13.6.4 Eigene Favoriten

Die aktuelle Bedarfs- und Bestandsliste ist das Cockpit für den Disponenten, hier laufen viele Informationen zum Material zusammen.

Diese Transaktion kann mittels eigener Favoriten erweitert werden, um Absprünge in andere Transaktionen zu ermöglichen, die weitere Informationen zum Material liefern.

In Abbildung 13.27 ist der Bereich markiert, der für die Einbindung von benutzereigenen Buttons vorgesehen ist.

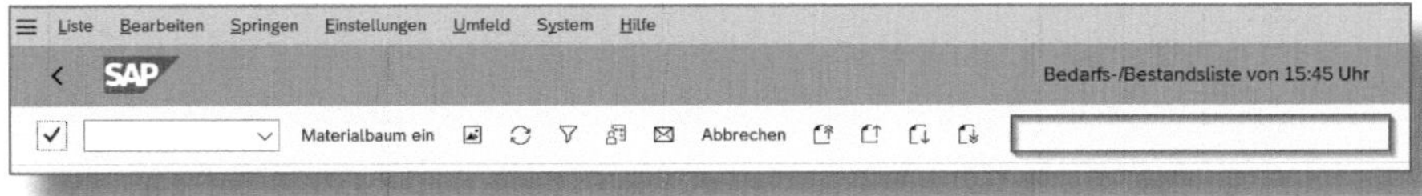


*Abbildung 13.27: Bereich für eigene Buttons*

Zur Erstellung eigener Favoriten folgen Sie dem Menüpfad, wie in Abbildung 13.28 gezeigt.

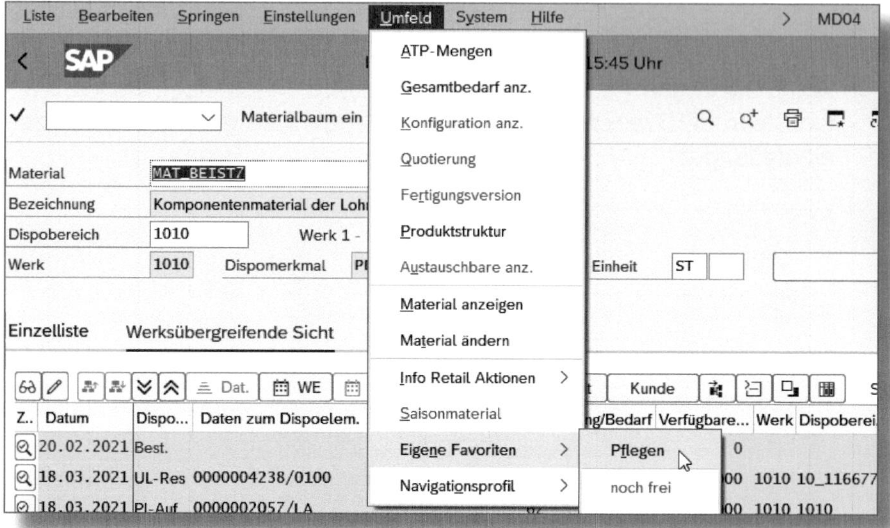


*Abbildung 13.28: Menü zur Einstellung eigener Favoriten*

Im nächsten Screen (hier nicht abgebildet) gelangen Sie über den Button Neue Einträge in die Erfassungsmaske für neue Transaktionsaufrufe. Abbildung 13.29 zeigt die Einstellungen für den Absprung in die Transaktion *CS03 = Stückliste anzeigen*.

Die wichtigsten Felder sollen kurz erklärt werden:

❶ NR. NAVIGATION wird benötigt, um die Reihenfolge der Absprünge vorzugeben.

❷ Der TRANSAKTIONSCODE gibt die Transaktion an, in die gesprungen werden soll.

❸ Die Option MIT EINSTIEGSBILD besagt, dass der Selektionsbildschirm für die Transaktion angezeigt wird. Dieser Haken muss nicht gesetzt werden.

❹ Hier kann ein Icon aus der Wertehilfe ausgewählt werden.

❺ Mit Pflege der PARAMETER-ID werden Felder im Selektionsbildschirm belegt, die normalerweise manuell eingetragen werden müssten. Diese Einstellung ist dann sinnvoll, wenn der Einstiegsbildschirm der Transaktion übersprungen werden soll. Parameterwert CSV = Stücklistenverwendung, Parameter 1 = Fertigung.

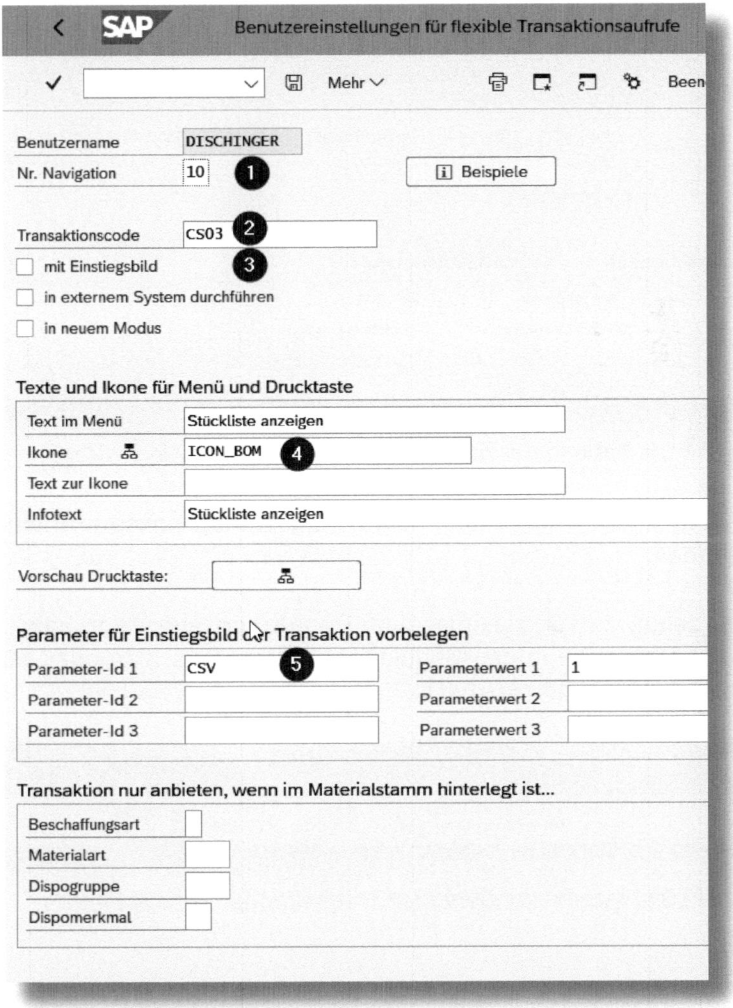

*Abbildung 13.29: Menü zur Erstellung eigener Favoriten*

Die Einstellungen werden mit gesichert. Am unteren linken Bildschirmrand erhalten Sie die Meldung Daten wurden gesichert Details anzeigen.

Nun springen Sie mit < einen Schritt zurück und gelangen zur Übersichtstabelle Ihrer Transaktionsaufrufe. Hier werden Ihre eingestellten Transaktionsaufrufe sortiert nach der Navigationsnummer aufgelistet.

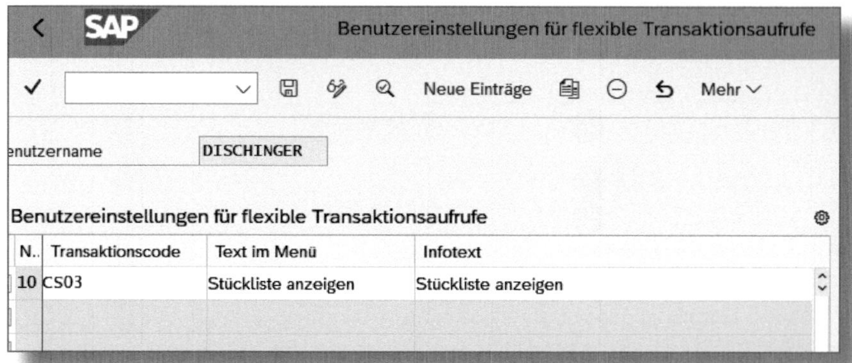


*Abbildung 13.30: Tabelle der Benutzer, Transaktionen – ein Eintrag*

Mit dem Button Neue Einträge kann der nächste Transaktionsaufruf eingestellt werden.

Dieses Vorgehen ist für maximal fünf Transaktionsaufrufe möglich. Die Einträge finden Sie in der Menüleiste entweder als Icon oder als Textbutton (siehe Abbildung 13.31).

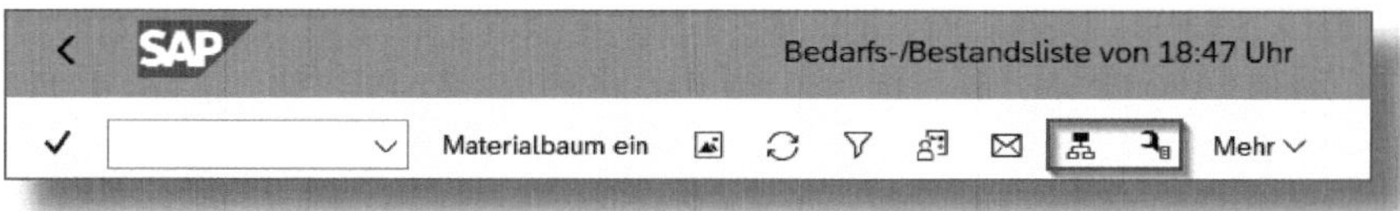


*Abbildung 13.31: Tabelle der Benutzer, Transaktionen – zwei Einträge*

## Einstellungen über das Navigationsprofil

Ein *Navigationsprofil* ist eine zumeist fachliche Gruppierung von bis zu fünf Transaktionscodes.

Die Transaktionsaufrufe eines Navigationsprofils können ebenfalls der Menüleiste der *MD04* hinzugefügt werden.

Die Auswahl eines Navigationsprofils erfolgt im Menü der MD04 über UMFELD • NAVIGATIONSPROFIL • ZUORDNEN.

In der Wertehilfe zum Feld NAVIGATIONSPROFIL sind all diejenigen Profile aufgelistet, die im Customizing eingestellt worden sind. Wählen Sie nun ein Profil aus, erscheinen die Transaktionen des Profils in der Menüleiste (siehe Abbildung 13.32).

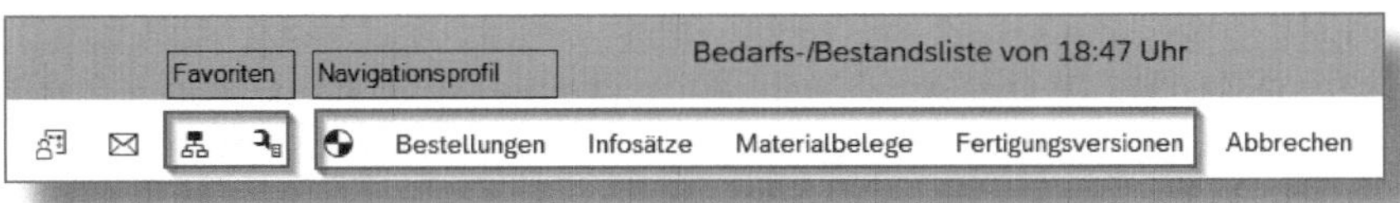


*Abbildung 13.32: Transaktionsaufrufe aus Favoriten und Navigationsprofil*

SAP S/4HANA liefert einige Navigationsprofile aus. Sollten Sie dennoch andere Transaktionsaufrufe benötigen, folgen Sie im Customizing dem Pfad

SPRO • PRODUKTION • BEDARFSPLANUNG • AUSWERTUNG • NAVIGATIONSPROFILE FESTLEGEN.

Sie wählen den Button NEUE EINTRÄGE und legen damit ein neues Profil an. Bezeichnen Sie Ihr Profil beispielsweise mit dem Namen des Fachbereichs. Sie müssen der Bezeichnung das Präfix »Z« oder »Y« voranstellen, denn Ihr neues Profil ist ein kundenspezifisches Navigationsprofil und darf sich nicht im SAP-Namensraum befinden. Mit dem Speichern erzeugen Sie einen Transportauftrag.

Die Einstellungen der Transaktionsaufrufe erfolgen analog zu der Beschreibung in Abbildung 13.29.

Sollten Sie die EIGENEN FAVORITEN in der Transaktion *MD04* in Ihrem System nicht pflegen können, weil Sie die Meldung »Mandant XXX hat den Status ›nicht änderbar‹« erhalten, dann lassen Sie von Ihrer IT-Abteilung den folgenden Weg prüfen:

1. Aufruf der Transaktion *SOBJ* im Änderungsmodus
2. Positionierung auf das Objekt *V_U444B*
3. Auswählen der Zeile mit Doppelklick
4. Kennzeichen LAUFENDE EINSTELLUNGEN setzen
5. Gleiches für das Objekt *V_U444C* wiederholen

Wenn Sie sich nicht im Produktivmandanten befinden, siehe Transaktion *SCC4* in der MANDANTENROLLE, müssen zusätzlich noch diese Einstellungen vorgenommen werden:

6. Aufruf der Transaktion *SE54*
7. Eintrag der View *V_U444B*
8. Radiobutton GENERIERTE OBJEKTE auswählen
9. Markieren des Feldes KEINE ODER INDIVIDUELLE AUFZEICHNUNGSROUTINE
10. Speichern
11. Gleiches für das Objekt *V_U444C* wiederholen

Mit diesen Änderungen sind die Views V_U444B und V_U444C vom Transportanschluss ausgeschlossen, sie können somit auch im gesperrten Mandanten geändert werden.

## 13.7 Bearbeitungszeit im Einkauf – Customizing

In die Berechnung von Bedarfsterminen für Materialien, die der Fremdbeschaffung unterliegen, wird zuzüglich zur PLANLIEFERZEIT und WARENEINGANGSBEARBEITUNGSZEIT auch die BEARBEITUNGSZEIT IM EINKAUF einbezogen. Letztere soll denjenigen Zeitraum darstellen, den der Einkauf benötigt, um Bestellanforderungen in Bestellungen umzusetzen und an den Lieferanten zu übermitteln. Oftmals ist diese Zeit dem Disponenten gar nicht bekannt, und so wird häufig nach der Ursache des nicht nachvollziehbaren Bedarfstermins gesucht.

Die BEARBEITUNGSZEIT IM EINKAUF hinterlegen Sie im Customizing im Pfad der Bedarfsplanung unter SPRO • PRODUKTION • BEDARFSPLANUNG • WERKSPARAMETER • GESAMTPFLEGE FÜR WERKSPARAMETER DURCHFÜHREN oder in der Transaktion *OPPQ*.

Unter dem Menüpunkt FREMDBESCHAFFUNG können Sie in der Pflege des Werks eine Bearbeitungszeit im Einkauf einstellen (siehe Abbildung 13.33).

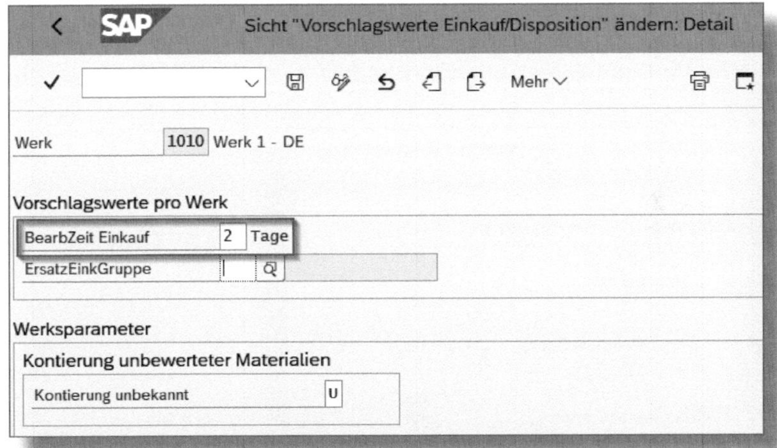


*Abbildung 13.33: Bearbeitungszeit im Einkauf*

Diese BEARBZEIT EINKAUF in Arbeitstagen wird in die Berechnung der Bedarfstermine miteinbezogen.

## 13.8 Persönliche Parameter in der Bestellung

In der Positionsübersicht der Bestellung werden standardmäßig die Felder mit ihrem jeweiligen Kurztext angezeigt.

Bevorzugen Sie das Arbeiten mit den Schlüsseln der Felder, können Sie dies in den persönlichen Einstellungen in der Bestellung hinterlegen. Dazu wählen Sie PERSÖNLICHE EINSTELLUNGEN • GRUNDEINSTELLUNGEN • KONVERTIERUNGEN und dort die Option ☑ Schlüssel anzeigen.

Wenn Sie hier den Haken setzen, wird Ihnen in der Positionsübersicht der Bestellung das Werk mit seiner Nummer und nicht mit seiner Bezeichnung angezeigt.

## 13.9 Schlüssel in der Wertehilfe der Vorschlagswerte in der Bestellung

Um die Vorschlagswerte für Ihre Bestellungen einstellen zu können, wäre es hilfreich, wenn das SAP-System die Schlüssel der Wertehilfen anzeigen würde. Dies ist in der SAP-S/4HANA-Standardauslieferung leider nicht der Fall (siehe Abbildung 13.34).

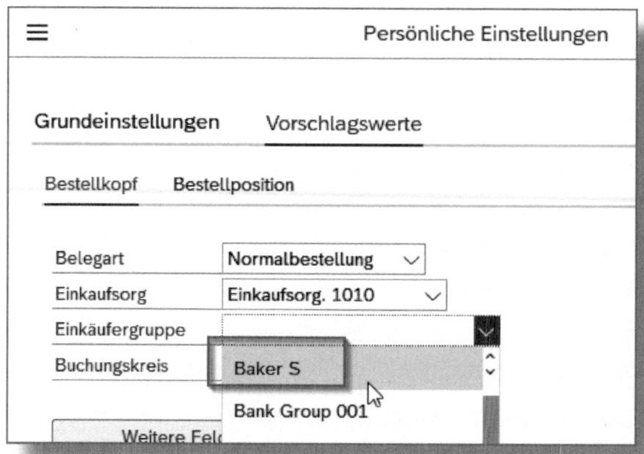


*Abbildung 13.34: Wertehilfe ohne Schlüssel*

Die Auswahl der Wertehilfe fällt leichter, wenn die Schlüssel der Wertehilfen angezeigt werden (siehe Abbildung 13.35).

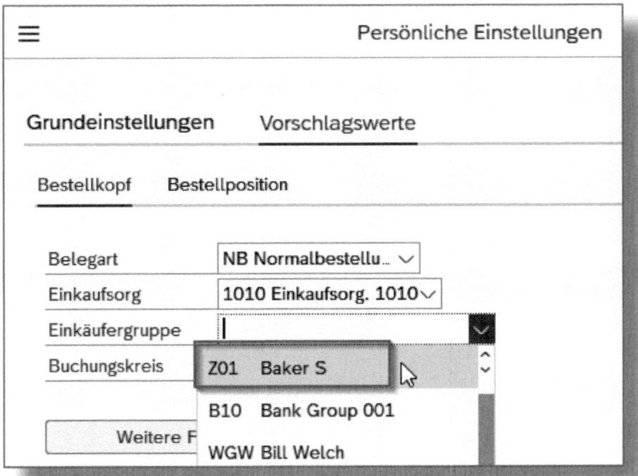


*Abbildung 13.35: Wertehilfe mit Schlüssel*

Die Einstellungen zur Anzeige der Schlüssel in der Wertehilfe finden Sie in den SAP-GUI-Einstellungen (`Strg` + `Alt` + `F12`) (siehe Abbildung 13.36).

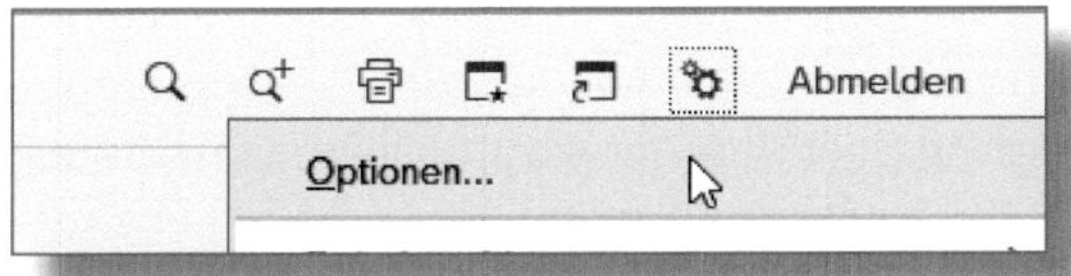


*Abbildung 13.36: SAP-GUI-Einstellung – Optionen*

Im Menüpunkt VISUALISIERUNG 1 wählen Sie SCHLÜSSEL IN DROPDOWN-LISTEN ANZEIGEN (siehe Abbildung 13.37).

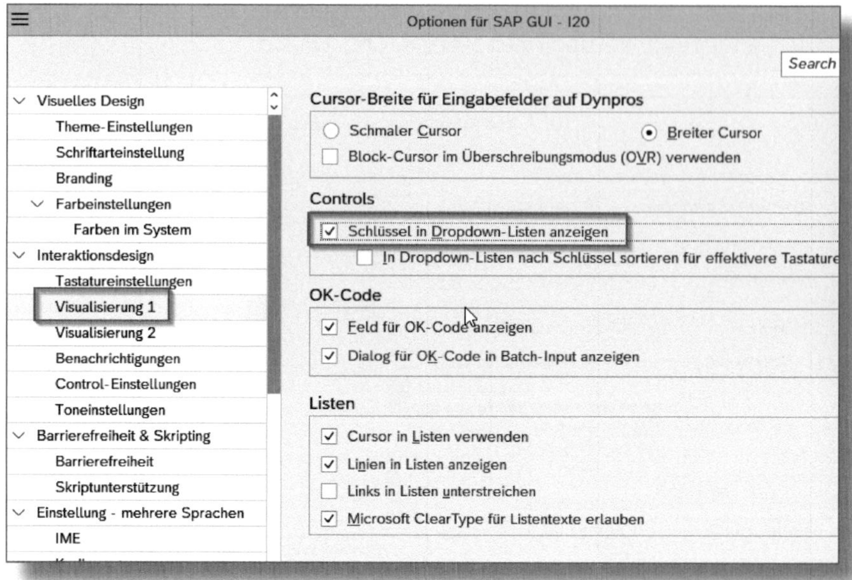


*Abbildung 13.37: Visualisierung 1*

## 13.10 Automatische Bestellungen

In verschiedenen Abschnitten dieses Buches wurde die Umsetzung von Bestellanforderungen in Bestellungen erwähnt. Diese Umsetzung könnte das System automatisch erledigen, wenn

- im Materialstammreiter **Einkauf** der Haken im Feld AUTOM. BESTELL. gesetzt wäre und
- im Geschäftspartner in der Rolle Lieferant unter ZUSÄTZLICHE EINKAUFSDATEN auch das Feld AUTOBESTELL. einen Haken hätte (siehe Abbildung 13.38).

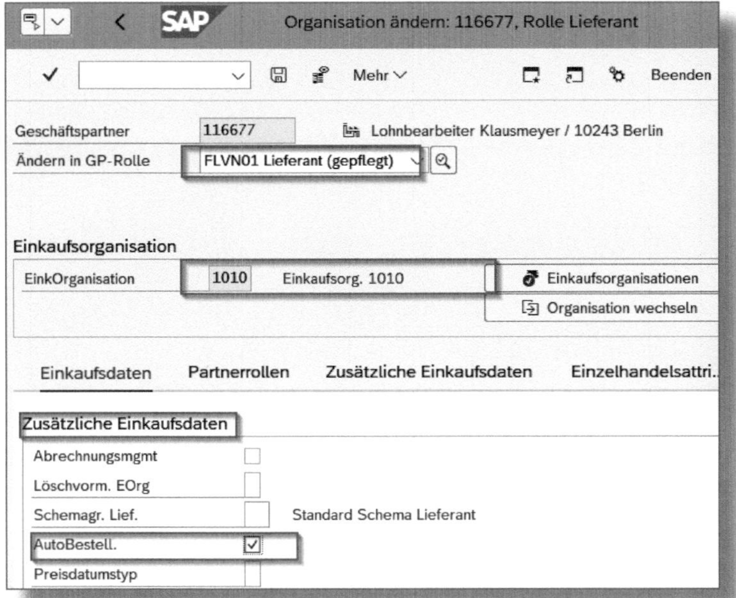


*Abbildung 13.38: Geschäftspartner – automatische Bestellung*

Die automatische Umsetzung der Banf in eine Bestellung erfolgt dann mit der Transaktion *ME59N (Automatische Bestellerzeugung aus Bestellanforderungen)*. Die Transaktion können Sie als Job einplanen und somit automatisiert im Hintergrund für die Umsetzung von Banfen in Bestellungen sorgen.

Hinterlegten Sie in der Nachrichtenfindung der Bestellung eine Nachrichtenart (z. B. EDI), die wiederum automatisch an den Lieferanten versendet würde, hätten Sie einen vollautomatischen Bestellprozess kreiert, der sich vollkommen auf die Terminierung im SAP-System verließe. Perfekte Stammdaten bezüglich Lieferzeiten sind dafür natürlich Voraussetzung.

# 14 Fazit

Die Prozesse der Lohnbearbeitung haben sich mit SAP S/4HANA leicht, aber nicht grundlegend geändert. Der Sachverhalt, dass ein Lohnbearbeiter zur Erbringung einer Dienstleistung die Beistellung von Komponenten benötigt, ist nach wie vor gegeben.

Mit der verpflichtenden Nutzung der Dispobereiche und Fertigungsversionen zur Abwicklung der Lohnbearbeitung hat sich der Aufwand in der Stammdatenpflege in SAP S/4HANA gegenüber dem SAP ECC deutlich erhöht.

Bedauerlich ist, dass zur massenweisen Pflege dieser Stammdaten bislang keine alltagstauglichen Transaktionen oder Fiori-Apps zur Verfügung stehen. Hier besteht seitens der SAP Nachbesserungsbedarf.

Ich hoffe, es ist mir gelungen, Ihnen mit diesem Buch einen Ratgeber und auch ein Nachschlagewerk für die üblichen Prozesse in der Lohnbearbeitung zur Verfügung zu stellen.

Mir kam es sehr darauf an, Sie in die Lage zu versetzen, auch ohne die Hilfe eines IT-Experten die notwendigen Einstellungen für die Prozesse der Lohnbearbeitung vornehmen und die Prozesse selbst durchführen zu können.

# A Die Autorin

**Ilka Dischinger** ist Diplom-Wirtschaftsingenieur und hatte schon als studentische Hilfskraft in einem Heizkraftwerk in Berlin erste Berührungspunkte mit SAP – damals noch mit SAP R/2, ohne das Easy-Access-Menü und die Enjoy-Transaktionen.

Von der Pike auf hat sie die Software SAP erlernt und SAP-Einführungs- und Migrationsprojekte entlang der Logistikkette in verschiedenen Branchen als Projektmitarbeiter, Teilprojektleiter und auch als Projektleiter durchgeführt.

Ilka Dischinger ist freiberuflicher, zertifizierter SAP-Berater und Senior-Projektmanager nach (GPM) IPMA LEVEL B. Mittlerweile blickt sie auf 25 Jahre Berufserfahrung in internationalen Teams zurück.

# B Index

## N



## P



## R



## S



## T

# C Disclaimer

Die in diesem Werk wiedergegebenen Gebrauchsnamen, Handelsnamen, Warenbezeichnungen usw. können auch ohne besondere Kennzeichnung Marken sein und als solche den gesetzlichen Bestimmungen unterliegen. Sämtliche in diesem Werk abgedruckten Bildschirmabzüge unterliegen dem Urheberrecht der SAP SE, Dietmar-Hopp-Allee 16, 69190 Walldorf.

In dieser Publikation wird auf Produkte der SAP SE Bezug genommen. SAP, R/3, SAP NetWeaver, Duet, PartnerEdge, ByDesign, SAP BusinessObjects Explorer, StreamWork und weitere im Text erwähnte SAP-Produkte und -Dienstleistungen sowie die entsprechenden Logos sind Marken oder eingetragene Marken der SAP SE in Deutschland und anderen Ländern. Business Objects und das Business-Objects-Logo, BusinessObjects, Crystal Reports, Crystal Decisions, Web Intelligence, Xcelsius und andere im Text erwähnte Business-Objects-Produkte und -Dienstleistungen sowie die entsprechenden Logos sind Marken oder eingetragene Marken der Business Objects Software Ltd. Business Objects ist ein Unternehmen der SAP SE. Sybase und Adaptive Server, iAnywhere, Sybase 365, SQL Anywhere und weitere im Text erwähnte Sybase-Produkte und -Dienstleistungen sowie die entsprechenden Logos sind Marken oder eingetragene Marken der Sybase Inc. Sybase ist ein Unternehmen der SAP SE. Alle anderen Namen von Produkten und Dienstleistungen sind Marken der jeweiligen Firmen. Die Angaben im Text sind unverbindlich und dienen lediglich zu Informationszwecken. Produkte können länderspezifische Unterschiede aufweisen.

Der SAP-Konzern übernimmt keinerlei Haftung oder Garantie für Fehler oder Unvollständigkeiten in dieser Publikation. Der SAP-Konzern steht lediglich für SAP-Produkte und -Dienstleistungen nach der Maßgabe ein, die in der Vereinbarung über die jeweiligen Produkte und Dienstleistungen ausdrücklich geregelt ist. Aus den in dieser Publikation enthaltenen Informationen ergibt sich keine weiterführende Haftung.

# Weitere Bücher von Espresso Tutorials

Jörg Weißmann:

**Praxishandbuch Vertrieb (SD) in SAP S/4HANA®**

- SAP HANA, S/4HANA, Fiori kurz und knapp erklärt
- Praxisbeispiel vom Auftrag zur Faktura
- Organisation und Stammdaten
- Fehleranalyse in den verschiedenen Phasen des Vertriebsprozesses

*http://5370.espresso-tutorials.de*

Björn Weber, Nikolaus Fankhauser:

**Schnelleinstieg in die Produktionsprozesse (PP) in SAP® ERP und S/4HANA**

- Einstieg in die diskrete Fertigung mit SAP S/4HANA
- Stammdaten, Mengenbedarfsplanung und Fertigungsaufträge im Kontext
- Begrenzte Kapazitäten effektiv planen
- Make-to-Stock-Produktionsbeispiel mit vielen Fiori-Screenshots

*http://5387.espresso-tutorials.de*